ÉTUDE

SUR

LES POISSONS DE L'ANJOU

ÉTUDE

SUR LES

POISSONS DE L'ANJOU

CONTENANT

L'Histoire de la Pêche et la Description des Poissons qui peuplent la Loire, nos rivières et ruisseaux

PAR

AIMÉ DE SOLAND

Président de la Société Linnéenne de Maine-et-Loire,
Directeur du Bulletin historique et monumental de l'Anjou,

PRÉCÉDÉE DE

CONSIDÉRATIONS SOMMAIRES SUR L'INTÉRÊT QUE PRÉSENTE L'OBSERVATION DES ACTES ACCOMPLIS PAR LES ANIMAUX A DES ÉPOQUES PÉRIODIQUES ET SUR L'UTILITÉ DE LA PUBLICATION DE FAUNES LOCALES

PAR

AUGUSTE DUMÉRIL

Membre de l'Institut, professeur-administrateur au Muséum d'histoire naturelle de Paris.

ANGERS

IMPRIMERIE P. LACHÈSE, BELLEUVRE ET DOLBEAU

Chaussée Saint-Pierre, 13.

1869

CONSIDÉRATIONS SOMMAIRES

SUR L'INTÉRÊT QUE PRÉSENTE L'OBSERVATION

DES

ACTES ACCOMPLIS PAR LES ANIMAUX

à des époques périodiques

ET SUR L'UTILITÉ DE LA PUBLICATION DE FAUNES LOCALES

Les naturalistes, qui vivent loin des grands centres, et n'ont point les matériaux d'étude fournis par de vastes collections, sont en mesure de rendre des services signalés aux sciences qu'ils cultivent par des travaux de diverse nature. Bien posés, en beaucoup de circonstances, pour suivre attentivement et avec persévérance les habitudes et les mœurs des animaux, ils peuvent jeter beaucoup de lumières sur une question du plus haut intérêt. Je veux parler de certains actes accomplis par différentes espèces, chaque année, d'une façon périodique et régulière. Quelques exemples serviront à faire comprendre le but à atteindre par les recherches dont il s'agit.

Disons d'abord que pour les poursuivre avec succès, on ne saurait trop s'attacher à ne négliger aucune des conditions énoncées dans un programme dressé dans les *Mémoires de l'Académie des sciences, des lettres et des beaux-arts* de Belgique, et dont M. Quételet a présenté un exposé au Congrès de l'association anglaise, pour l'avancement des sciences, en 1841. Dans le 14e Congrès réuni en 1845 à Cambridge, une commission de naturalistes, pour suivre l'exemple de la Belgique et afin de provoquer des observations sur les îles britanniques, a soumis à l'Association (*Report*, p. 321-336) une traduction du programme avec additions.

S'agit-il, je le suppose, du retour annuel, pour certains poissons, de la mer dans les eaux douces et dits anadromes à cause de leur course contre le courant, il faut indiquer, à des stations situées sur les grandes rivières et sur les fleuves, l'époque où remontent, au printemps, les espèces de la famille des Clupes dites Alose et Feinte, ou les Saumons, les Truites, les Esturgeons, les Plies et la Lotte.

Ainsi, et c'est là un des exemples que je veux rappeler, M. de Sélys-Longchamps a, durant une période de dix-sept années, observé, à Liége, le moment où commence la remonte de l'alose, dans la Meuse.

Il a, de la sorte, obtenu les résultats suivants :

1842. . . .	15 avril	1850. . . .	10 avril
1843. . . .	12 »	1851. . . .	1er »
1844. . . .	11 »	1852. . . .	7 »
1845. . . .	23 »	1853. . . .	5 »
1846. . . .	7 »	1854. . . .	5 »
1847. . . .	14 »	1855. . . .	14-18 »
1848. . . .	4 »	1857. . . .	7 »
1849. . . .	5 »	1859. . . .	14 »
		1860. . . .	19 »

On voit, même en tenant compte des années exceptionnelles (1851 et 1845), qu'il n'y a pas eu plus de vingt-trois jours de différence entre les limites extrêmes de la période, dont la moyenne donne la date du 10 avril; mais si on laisse de côté les deux années indiquées, on a la preuve que l'époque de la remonte de l'alose est peu variable.

Dans la Loire où sa régularité n'est pas moins frappante, elle est, suivant la remarque d'un naturaliste de Nantes, M. A. Thomas, un peu plus hâtive peut-être, c'est-à-dire qu'elle commence dès les premiers jours d'avril. Il considère, au reste, l'époque où elle s'effectue comme soumise à l'influence de la température; ainsi, en 1865, le poisson a été un peu retardé en raison des froids prolongés, et cette année (1869), au contraire, comme il avait eu déjà précédemment l'occasion de le constater, elle s'est trouvée hâtée parce que la saison d'hiver a été moins longtemps rigoureuse.

Quand on cherche à déterminer le moment exact de l'arrivée de l'alose, on ne doit prendre comme date du début de son apparition que celle du jour où elle se montre par bandes, car des individus isolés sont pêchés quelquefois bien plus tôt. A Nantes, par exemple, on en a vu prendre dès le commencement de mars, et même en 1865, le filet ramena un de ces poissons le 14 février; ce sont là des exceptions.

Voici encore une autre question pour la solution de laquelle les observateurs, disséminés sur les divers points de la France, peuvent fournir une réponse qui, certes, ne serait pas sans intérêt. Jusqu'où remontent les poissons anadromes? Leur trajet contre le courant paraît avoir des limites assez précises, mais encore faudrait-il qu'elles fussent bien déterminées. Ainsi, dans la Seine, pour en revenir à l'alose, elle s'arrête à 90 kilomètres de l'embouchure. M. le professeur A. Pouchet, qui en a beaucoup étudié la migration annuelle, m'a signalé son absence dans le fleuve au delà du pont de Rouen, et même l'arrêt a lieu à 2 kilomètres au-dessous de la ville, à un endroit nommé le Petit-Quévilly. En de rares circonstances, des individus ont été pris en amont de Rouen; ils étaient dans un véritable état maladif. On en a trouvé aussi jusqu'à Pont-de-l'Arche, mais c'est une anomalie.

Il en est autrement dans le Guadalquivir, comme Noël de la Morinière l'a fait remarquer (*Hist. Pêches*, t. I, p. 183). En effet, la ville d'Epora, qui était située au-dessus de Cordoue, éloignée elle-même de la mer par une distance de 176 kilomètres, avait, en raison de l'abondance de la pêche de l'alose, fait figurer ce poisson sur ses médailles.

Les saumons appartiennent au groupe des poissons marins dont Rondelet dit (*Hist. des poissons de rivière*, p. 122), en parlant de ceux qui « accourent de la mer » : « Ils aiment tant l'eau douce, qu'ils ne cessent jamais de monter, voire aucuns jusqu'à la source même des fontaines d'où lesdites rivières prennent leur commencement. » Dans la Loire, le plus long fleuve de la France, et dont le cours n'a pas moins de 1,126 kilomètres, ils entrent vers la mi-octobre et quelquefois dans les premiers jours du même mois, comme M. A. Thomas l'a bien constaté. Ils y exécutent de longs voyages, car on en trouve sur différents points éloignés de l'embouchure, et même au Puy-en-Vélay peu distant de la source.

Il est facile de comprendre quel intérêt s'attacherait à la détermination exacte des diverses localités où le saumon se rencontre, et des points sur lesquels il y aurait avantage à construire des échelles à saumons. Inventées en 1854, seulement, par l'écossais Smith, elles donnent des résultats excellents partout où l'on en a établi. Elles procurent au poisson le moyen de franchir les barrages naturels ou artificiels en diminuant, par des arrêts disposés de distance en distance, la hauteur des chutes. On s'est déjà bien trouvé, sur des rivières de France, la Dordogne et le Tarn, d'imiter ce qui se fait actuellement, avec le plus grand succès, aux îles britanniques. Il faut donc rechercher les lieux où l'on pourrait en établir, afin d'accroître la richesse des eaux qui, par leurs qualités de courant, de limpidité et de température, attirent le saumon.

L'apparition des poissons de mer, qui remontent des grandes profondeurs vers la surface à l'époque du frai, est-elle soumise à une périodicité aussi régulière? Ils sont dits migrateurs, mais à tort, notons-le en passant, car ils n'accomplissent pas, contrairement à ce que l'on a supposé, de longs voyages des mers polaires vers des régions moins froides. On aurait besoin, pour être fixé sur cette périodicité, d'observations plus nombreuses que celles qu'on possède jusqu'à présent, elles permettraient d'arriver à savoir si elle n'est pas soumise à des influences perturbatrices. Il faudrait, le long des côtes où se pratiquent les pêches, inscrire, comme on le fait en Belgique, la date des jours où l'on commence à voir sur le marché les Harengs, les Sardines, les Maquereaux et les Morues. La comparaison de tables ainsi dressées en des points bien déterminés, constituerait le plus utile élément de discussion dans l'étude d'une question très-intéressante et à laquelle une réponse complétement satisfaisante n'a point encore été donnée.

La régularité du départ et du retour des oiseaux migrateurs peut être également l'objet de recherches très-instructives, malgré le grand nombre d'observations qu'elle a déjà provoquées.

Dans la vie des Reptiles et des Batraciens, il y a aussi des actes dont l'accomplissement a lieu à des époques fixes. En Belgique, pour se conformer au programme dont j'ai déjà parlé, on a cherché à faire entrer dans le cercle des études sur la périodicité de certains phénomènes de la vie des animaux, celles qui se rapportent au moment précis du réveil des espèces, lequel, d'ordinaire, se rattache au besoin de la reproduction. Ce réveil est indiqué par leur réapparition à la suite du sommeil hivernal. Pour les Batraciens, il est signalé par les bruits qu'ils font entendre et qu'on a plaisamment nommés leurs épithalames ou chants de noce.

Ces travaux ne sont pas les seuls dont les naturalistes qui vivent loin des grands musées peuvent enrichir la science. Un service très-réel qu'ils peuvent rendre est de faire connaître aussi complétement que possible les productions naturelles du pays qu'ils habitent. Les Flores et les Faunes locales sont de précieux matériaux pour ceux qui, dans un travail général, cherchent ensuite à préciser les limites de la distribution géographique de tel ou tel groupe.

Il est impossible d'ailleurs que, restant entre les limites un peu resserrées de leur champ d'exploration, les botanistes et les zoologistes ne s'attachent pas, au grand profit de tous, à des détails qui ont bien leur prix, mais que, dans des vues d'ensemble, on est trop souvent forcé de négliger.

Pour parler uniquement de ce qui concerne les animaux, Linné, dans sa Faune suédoise (*Fauna suecica*) publiée d'abord en 1746, puis en 1761 et rééditée pour la troisième fois, avec augmentations, en 1800 par Retzius, a laissé le plus parfait modèle en ce genre, et des ouvrages composés soit hors de France, soit en France, témoignent assez de l'intérêt que présentent de semblables études.

Si chaque département ou au moins chacune de nos anciennes provinces avait une histoire détaillée des animaux qui s'y rencontrent, on possèderait d'excellents matériaux pour la rédaction d'une Faune française, qui nous manque. En même temps, on serait fixé mieux qu'on ne l'est aujourd'hui, sur la délimitation géographique de telle ou telle espèce. On l'a bien compris ainsi dans l'Anjou, et les *Annales de la Société linnéenne* de Maine et Loire se sont enrichies de travaux conçus dans l'ordre des idées que je viens d'exposer. Tel est, entre autres, celui sur les poissons que M. Aimé de Soland a placé dans le volume de cette année, et qui a été précédé par une Notice sur les mammifères.

La famille des Percoïdes, qui est la première dans l'*Étude sur les poissons de l'Anjou*, offre cette particularité qu'une seule de ses très-nombreuses espèces (*Perca fluviatilis*) se trouve répandue dans presque toutes les eaux de la France.

La perche goujonnière ou gardonnée, la Grémille commune (*Acerina vulgaris*, Cuvier, *Perca cernua*, Linn.), propre aux contrées septentrionales de l'Europe, ne paraît pas se trouver en France au-dessous de la Seine. La perche âpre (*Aspro vulgaris*, Cuvier, *Perca asper*, Linn., Apron proprement dit), est, comme l'espèce précédente, inconnue dans l'Anjou. On ne trouve ce poisson que dans le Rhône et ses affluents et dans quelques rivières de l'est de la France. Voilà précisément une des preuves de l'utilité des Faunes locales sur laquelle j'insistais plus haut.

L'histoire de la famille des Gastérostéides si intéressants à étudier à cause de leur nidification et des changements surprenants du système de coloration quand ils prennent la livrée d'amour, démontre la multiplicité des espèces dans un groupe où, avant d'avoir eu l'attention fixée sur les différences spécifiques, on ne les croyait pas aussi nombreuses. Il est digne de remarque que l'on trouve en Anjou deux espèces décrites, pour la première fois, dans la *Faune méridionale* de Crespon, t. II, p. 283.

Le flet (*Platessa flesus*) dont M. de Soland parle, parce qu'il est un poisson anadrome qui pénètre dans la Loire, remonte souvent très-haut contre le courant. Dans la Tamise, dit Yarrell, l'auteur d'une histoire très-estimée des poissons de l'Angleterre, on trouve le flet à Richmond (Surrey) et à Toddington (Middlesex), c'est-à-dire à 16 et 20 kilom. au-dessus de Londres, et, par conséquent, à 88 ou 92 kilom. de la Manche. Il va même plus loin, non-seulement dans les cours d'eau des îles britanniques, mais dans tous ceux que reçoivent la Baltique et l'Océan Atlantique. Duhamel l'a pris dans la Loire, au-dessus d'Orléans, ainsi que dans le Loiret et dans le Cher (*Traité des pêches*, partie II, section IX, p. 265). On l'a pêché à Liége (de Sélys-Longchamps, *Faune belge*, p. 186) et à Metz (Holandre, *Faune de la Moselle*, p. 260). La ponte et le développement des jeunes s'effectuent au milieu des eaux douces, comme le prouve la capture assez fréquente dans ces eaux de très-petits individus.

On trouve dans le travail que ces quelques lignes doivent précéder, la mention de tout ce qui concerne les singulières habitudes des poissons entraînés par leur instinct, à abandonner la mer, afin de venir frayer dans les fleuves et les rivières. Il y a aussi des détails sur la descente des anguilles qu'on a proposé, avec raison, de nommer poissons catadromes, parce que, contrairement à ce que font les anadromes, elles descendent dans les eaux salées pour accomplir l'acte de la reproduction. Les très-jeunes anguilles dites Montée ne se développent point dans la mer; elles luttent, presque dès le moment de l'éclosion, contre le courant pour pénétrer dans les eaux douces où elles restent jusqu'à la troisième année. Quand elles sont devenues aptes à perpétuer leur espèce, elles se dirigent avec une ardeur extrême vers les embouchures.

Je n'ai donc point à insister sur ce sujet qui est traité dans les pages suivantes. De nombreux détails historiques ajoutent de l'intérêt à la partie scientifique où sont exposées les propres observations de l'auteur et où se trouvent énumérées, dans un ordre méthodique, toutes les espèces de poissons connues en Anjou.

Aug. Duméril.

ÉTUDE

SUR

LES POISSONS DE L'ANJOU

AVANT-PROPOS.

L'accueil favorable et bienveillant qui a été fait à notre étude sur les *Mammifères* par des naturalistes dont les louanges ou la critique font loi en pareille matière, nous a vivement engagé à poursuivre l'histoire de notre Faune sur le plan adopté lorsque nous en commençâmes les premières publications.

Cette étude est uniquement écrite au point de vue de notre province. Nous n'avons jamais eu l'intention d'entrer en rivalité avec des hommes comme les Blanchard et les Duméril, savants que nous sommes heureux de compter au nombre de nos amis, et dont les conseils sont pour nous d'une précieuse ressource.

Notre labeur a des tendances beaucoup plus modestes : faire connaître l'histoire des animaux qui peuplent l'Anjou, tel a été le but que nous nous sommes proposé depuis longues années.

En écrivant ce travail sur les poissons de l'Anjou, nous ne nous sommes en rien dissimulé la tâche qui nous incombait. Malgré de nombreuses recherches, malgré des expériences concluantes, nous eussions voulu trouver dans notre pays un jalon qui pût nous tracer la route.

Aussi, à défaut de ce guide avons-nous été d'une réserve extrême et n'avons-nous rien avancé sans en avoir preuve certaine.

Dans un compte-rendu fait sur les *Mammifères de l'Anjou*, l'auteur des *Grands naturalistes au XIXe siècle*, l'excellent M. Bourguin disait :

« Les savants officiels ont les riches collections des musées à leur disposition. Ils peuvent bien y étudier les formes et l'organisation des êtres, et en déduire jusqu'à un certain point le régime, les mouvements et les habitudes.

« Mais les instincts variés des animaux, leurs mœurs, leurs ruses, leurs guerres, le naturaliste qui habite la province est bien mieux placé pour les observer, surtout s'il se borne à ce qu'il a constamment sous les yeux. Cette connaissance des mœurs particulières à chaque espèce donne un grand attrait à l'histoire naturelle et en est une partie essentielle. La zoologie générale s'enrichit à son tour de ces observations, et ce n'est guère qu'à cette condition qu'elle peut faire des progrès. »

A. de S.

LA PÊCHE.

Ordonnances de Philippe-le-Bel et de Philippe-le-Long. — Résistance des seigneurs à ces ordonnances. — René d'Anjou. — Sa sollicitude pour les pêcheurs. — Fêtes qu'il établit en leur honneur. — Mariage des pêcheurs. — Les poissons apprivoisés. — Rivières royales. — Rivières seigneuriales. — Droits de pêche des monastères. — Pêche du saumon. — La poissonnerie angevine en 1626. — Abondance de poissons en 1520. — Mariniers-pêcheurs. — Peines infligées à ceux qui empoisonnent les rivières et qui pêchent aux brandons. — Opinion de Brillat-Savarin sur le poisson. — Rivières de l'Anjou. — Pisciculture.

Pour connaître les premiers règlements qui régirent nos fleuves et rivières, relativement à la pêche, il faut remonter au règne de Philippe-le-Bel. Dans son ordonnance du 22 avril 1289, Philippe-le-Bel se plaint du dépeuplement des rivières[1] par suite des ruses et de l'astuce des pêcheurs, et surtout de l'invention de nouveaux engins, à l'aide desquels on prend le poisson avant qu'il n'ait atteint son entier développement, et de la dépréciation qui en résulte, puisqu'il ne peut servir à l'alimentation, et aussi par la même cause de l'élévation du prix, qui tourne au détriment des pauvres et des riches. Afin de remédier à de pareils inconvénients, Philippe-le-Bel prit les mesures suivantes :

1° Injonctions aux agents du roi de rechercher nuit et jour et de saisir partout où ils les trouveraient les filets prohibés, de les brûler en présence du pêcheur et des habitants du pays assemblés, aussi

[1] Voir l'article publié par M. H. Duplès-Agier, dans la Bibliothèque de l'École des Chartes, qui a découvert à la bibliothèque Sainte-Geneviève l'ordonnance dont nous parlons.

bien que tous les autres engins semblables ou plus dommageables que pourraient inventer les pêcheurs, et de punir d'une amende convenable ceux qui les feraient ou qui s'en serviraient ; pour quelques engins, la défense s'étend toute l'année ; pour le guideau [1], elle ne s'applique qu'aux mois d'avril et mai ; la fare [2] restait tolérée pendant deux mois. Ordre de distribuer aux pauvres les poissons pêchés en contravention ; interdiction absolue, à cause du frai, de la pêche des gardons pendant les deux mois réservés ; obligation pour les pêcheurs de faire tous leurs filets au moule royal, en sorte que les mailles aient au moins le diamètre d'un gros tournois, et autorisation d'employer des filets à plus larges mailles pour la pêche des gros poissons.

2° Défense de prendre des poissons dont la valeur soit moindre d'un denier pour la paire de barbeaux et de carpes, et de deux deniers pour chaque brochet, et d'un denier pour quatre anguilles.

L'ordonnance se termine par la recommandation aux agents du roi de faire observer exactement toutes ces dispositions dans l'étendue de leurs juridictions respectives.

Ce règlement primitif de la pêche fluviale est accompagné d'un mandement, par lequel Philippe-le-Bel en prescrit la promulgation à ses baillis et à ses autres officiers de justice ; il les charge d'en assurer l'exécution d'une manière régulière, et veut que le tiers de l'amende infligée au pêcheur pris en contravention soit immédiatement attribué à celui qui aura dénoncé le délit.

Le même auteur, que nous avons déjà cité, M. Duplès-Agier, a découvert, à la Bibliothèque impériale, une autre ordonnance

[1] Le guideau est un filet qui s'attache à deux pieux plantés aux embouchures des rivières.

[2] La fare, c'est une fête de pêcheurs qui se faisait vers le mois de mai, où les pêcheurs s'assemblaient et quelquefois les officiers des eaux et forêts pour faire une pêche solennelle et de réjouissance. Il est défendu par la dernière ordonnance de 1679 d'aller à la *fare* à cause que cela dépeuplait les rivières. Au reste ce terme de fare est l'occasion du mot de *fanfare*, parce que l'on faisait ces *fares* ou fêtes de pêches, avec un grand bruit de trompettes, de tambours, de haut-bois, de flûtes et autres instruments, et le peuple disait *fanfare*, pour dire ils font fare. (*Dictionnaire de Trevoux*, père Menestrier.)

inconnue jusqu'ici ; elle est de Philippe IV, dit le Long, en date de 1317. Dans cette ordonnance, le roi rappelle les principales dispositions de son père, et condamne les délinquants à une amende de soixante sols.

Une lutte s'établit entre le pouvoir royal et les seigneurs au sujet de cette ordonnance. Les gentilshommes refusèrent de prêter main forte à ceux chargés de donner force de loi à ces règlements ; ils prétendaient que sur leurs fiefs nul ne devait être juge des contraventions commises qu'eux-mêmes. Cette attitude des seigneurs autorisa les pêcheurs à abuser des filets et à dépeupler les rivières. Le roi, qui vit dans cette conduite une rébellion ostensible, prescrivit à ses vassaux d'obéir à ses ordres. Intimidés par la fermeté déployée contre eux, ils n'osèrent résister aux prescriptions de Philippe-le-Long, et ses règlements reçurent bientôt dans tout le royaume leur complète exécution.

Inutile de nous occuper des ordonnances qui se succédèrent ; elles sont toutes dans le même sens. La dernière est due au roi Charles IV, 26 juin 1326, et datée de Chambri, près Meaux. A partir de ce moment, il ne faut plus chercher d'ordonnances sur la pêche fluviale, mais bien des règlements concernant les eaux et forêts, et promulgués au XIVe et au XVe siècle.

Les ordonnances et règlements concernant la pêche furent toujours sévèrement tenus en vigueur. On voulait avant tout la conservation du poisson, et les pêcheurs qui surent se conformer à ces sages prescriptions, trouvèrent toujours aide et appui de la part du pouvoir, qui se divisait à l'infini, car outre l'autorité royale, il y avait encore celle des seigneurs et des abbayes.

Un prince, dont la mémoire sera constamment chère à l'Anjou, René-le-Bon, fut pendant sa vie le fidèle ami des pêcheurs[1]. Souvent il lui arrivait, par de belles journées de carême, de sortir du

[1] A Marseille, un tribunal particulier, *les prud'hommes-pêcheurs*, fut créé pour juger promptement et sans frais les différends élevés entre les membres de cette classe laborieuse. René en publia lui-même les statuts que le temps et l'opinion ont respectés. (*Biographie de René d'Anjou*, par le comte de Quatrebarbes.)

château royal par la porte des Champs, de traverser la Maine en bateau, et de se rendre au petit village de Reculée, patrie des pêcheurs de l'Anjou, afin d'assister aux *baillées*[1] et à la levée des filets.

« Le faubourg de Reculée, dont les habitants, tous pêcheurs, dit Bruneau de Tartifume dans son *Philandinopolis*[2], accommodent mieux le poisson que patissiers, cuysiniers, ni autres, qui soient en Anjou ; ils se sont accoutumés à parler un autre langage, différent d'accent et de prononciation à celuy des habitants de la ville d'Angers. »

« L'on va voir, écrivait en 1626 le même auteur dans son volumineux *Philandinopolis*, en Reculée, l'ancien logis de René, roy de Sicile, qu'il fit batir pour avoir le plaisir de la pêche. Il y a une galerie peinte par ledict sieur roy, qui etoit un des meilleurs peintres de son temps. »

Les habitants de ce lieu, qui tous vivaient du produit de leur pêche[3], saluaient avec joie l'arrivée du monarque bien-aimé, qui ne les quittait jamais sans avoir fait largesses. Ils l'avaient surnommé *le Roi des gardons*. Nos annales fourmillent de traits constatant la

[1] Chaque fois qu'un pêcheur met sa seine à l'eau et la retire pour prendre le poisson accroché aux mailles ou au fond de la seine, cela s'appelle en Anjou faire une *baillée*.

Quant au mot *seine* (quelques auteurs disent *saine*, *sagena* en latin), il s'écrivait primitivement *senna*. On dit senner, c'est-à-dire *rete jacere in mare*. (*Dictionnaire de Trevoux*.)

« Il y a deux fosses où je fis jeter la *seine*, dit Desnys ; en une je pris bien de quoi remplir une barrique de truites saumonées et en l'autre six-vingt saumons. »

[2] Philandinopolis ou plus clairement les fidèles amitiés, contenant une partie de ce qui peult estre et de ce qui se peult dire et rapporter de la ville d'Angers et païs d'Anjou.

AVECQ UN BEAV RIS *

1626.

Manuscrit inédit de la bibliothèque municipale d'Angers.

[3] Aujourd'hui la grande majorité des habitants de Reculée est composée de pêcheurs, de mariniers et de charpentiers en bateaux.

* Anagramme du nom de Bruneau de Tartifume.

sollicitude du prince angevin à l'égard de la compagnie des pêcheurs. C'était René qui leur avait donné le cierge d'honneur, que le doyen portait triomphalement à la tête de la confrérie, le jour de la procession du grand Sacre. Sur ce cierge de cire blanche, qui pesait trois livres, se détachait en relief une statuette représentant saint Pierre, en habits pontificaux, tenant un filet à la main, dans lequel il y avait de petits poissons. Devant cette belle torche marchaient trois ménétriers jouant des airs composés par René lui-même. La cérémonie terminée, le cierge était déposé dans l'église de la Sainte-Trinité.

Notre savant et regretté archiviste, M. Paul Marchegay, à qui l'histoire de notre province doit ses plus belles découvertes, a publié dans la *Revue d'Anjou*, de MM. Cosnier et Lachèse, une touchante anecdote qui montre la bienveillance de René et combien il aimait à venir en aide aux pauvres pêcheurs.

Au mois d'août 1462, un pêcheur nommé Michel Enquetin s'était rendu adjudicataire d'un terrain situé dans la prairie de la Savate, derrière le jardin des Carmes d'Angers, moyennant une rente perpétuelle de onze sols. Cet emplacement, avantageux pour un pêcheur, ne répondit cependant pas au parti qu'il avait espéré en tirer. Père de six petits enfants, Enquetin ne put payer le receveur d'Anjou et vit le moment où il allait être exproprié de sa pauvre cabane. Dans son désespoir, il eut l'idée de s'adresser à René, et bien lui en prit ; ce bon prince, touché de la misère du pêcheur, le déchargea, lui et ses héritiers, de la rente de onze sols qui grevait la petite propriété, et la convertit en une *platée d'ablettes*, qui devait être apportée tous les ans au château d'Angers [1].

René avait institué une fête de pêcheurs dans la petite ville des Ponts-de-Cé. Cette fête s'appelait la *Baillée des filles* [2]. Elle avait lieu à l'Ascension.

Le jour de l'Ascension, les jeunes filles des Ponts-de-Cé âgées de

[1] *Revue d'Anjou*, 1853, tome I.

[2] Manuscrit Paulmier, *verbo* Ponts-de-Cé.

dix-huit à vingt ans se réunissaient après vêpres sur le port du Branlage. Là, elles montaient dans des bateaux sur l'un desquels se trouvait une seine. Arrivées en face de l'île des Aireaux, elles déployaient le filet et le mettaient à l'eau, puis venaient *essever*, c'est-à-dire tirer la seine hors de la rivière, à un point désigné de l'île, où le bon René et toute sa cour étaient réunis pour assister à la baillée, qui s'exécutait sans le secours d'aucun homme.

La pêche terminée, une des jeunes filles, choisie par ses compagnes, présentait à René le plus beau poisson de la baillée, et ce poisson était toujours gros, qu'il y en eût ou qu'il n'y en eût pas dans la seine, car on savait pour la circonstance en tenir en réserve, qu'on glissait adroitement dans le fond du filet. La jeune fille chantait au roi une chanson, et celui-ci, après l'avoir embrassée, lui annonçait qu'il se chargeait de sa dot quand elle épouserait un pêcheur. Après la mort de René, cette fête continua chaque année ; la Révolution, qui abolit tout ce qui rappelait le passé, n'atteignit point la fête de la *Baillée des filles*. Au lieu de seigneurs qui faisaient largesses, on vit le maire du lieu, les flancs ceints de son écharpe, venir présider la baillée ; il embrassait bien la jeune fille qui lui débitait un compliment, mais l'histoire ne nous apprend pas qu'il la dotât. La fête de la *Baillée des filles*, qui a donné lieu à une assemblée, fut en vigueur jusqu'en 1830, époque où elle est tombée en désuétude[1].

Une autre fête avait été aussi instituée par René en l'honneur de la confrérie des pêcheurs. Tous les ans, le jour de la Saint-Pierre, les pêcheurs dressaient une énorme pyramide de fagots sur la plage de Reculée. La nuit venue, le roi René et sa femme se rendaient, torche en main, accompagnés d'un nombreux cortége de pêcheurs, auprès du bûcher et y mettaient le feu ; aux premières lueurs de la flamme, les jeunes pêcheurs faisaient une décharge de mousqueterie, puis, garçons et jeunes filles dansaient autour de la *chalibaude*.

[1] Tous les ans, il y a deux assemblées aux Ponts-de-Cé, l'une s'appelle la *Baillée des filles*, elle a lieu le jour de la fête de l'Ascension, l'autre *les pommes cuites*, elle se tient le dimanche de la fête de Saint-Maurille, c'est-à-dire au mois de septembre.

A la mort de René, la fête de la *chalibaude* continua chaque année ; seulement, le roi, dans cette cérémonie, fut remplacé par le syndic des pêcheurs, et la reine par la plus jeune mariée de l'année. Cette fête, comme la *baillée des filles*, avait traversé l'orage révolutionnaire ; elle n'a pu parvenir à 1830.

Nous pourrions, à l'infini, citer les fêtes établies par René en l'honneur des pêcheurs. S'il était l'ami des pêcheurs de Reculée, il n'oubliait point leurs voisins, ceux de l'Esvière, qui étaient venus se placer sous le patronage du prieuré de ce nom. Voici ce que nous lisons dans le manuscrit de Bruneau de Tartifume que nous avons déjà cité :

« Le dimanche de la Trinité, les pêcheurs nouveaux mariés doivent tirer la quintaine sur l'eau, vis-à-vis du château. Leurs jeunes femmes doivent offrir au juge de la Prévôté, au lieutenant et assesseur, un chapeau de fleurs, un bouquet avec un baiser, et une chanson devant l'église de l'Esvière.

« Le même se fait sur des ânes ou mules, par des pêcheurs de l'Esvière nouvellement mariés. Leurs femmes présentent leurs chapeaux, bouquets et baisers au sénéchal du prieur de la dite église, qui dépend de la Trinité de Vendôme ; elles disent aussi une chanson. On s'y trouve pour voir tomber les uns dans l'eau et les autres sur la terre. »

Le roi Louis XI voulut obtenir la popularité qu'avait René auprès des pêcheurs. Quand il en rencontrait un, il s'en approchait familièrement, et, en lui frappant sur l'épaule, engageait une conversation à laquelle le pauvre pêcheur interdit, ne prenait part qu'en balbutiant. Chaque fois que les pêcheurs apercevaient de loin ce sombre monarque, ils prenaient la fuite afin de l'éviter.

Il était d'usage, au XVe et au XVIe siècle, et nous pourrions même dire jusqu'à la Révolution, lorsqu'un garçon venait à naître dans la maison d'un pêcheur, de lui donner le prénom de Pierre, en l'honneur de l'apôtre pêcheur, patron de la corporation. Seulement, comme il eût été impossible, dans les familles qui étaient nombreuses, de désigner tous les enfants par le même prénom on lui en donnait un second. Nous avons sous les yeux des baux relatifs à la pêche, où tous les pêcheurs qui y figurent ont deux noms, tels que Pierre-Jean, Pierre-Jacques, Pierre-Marie, Pierre-Louis, Pierre-André, etc. Quand c'était une fille, on l'appelait soit Pierrette soit Perinne, en faisant toujours suivre l'un de ces noms d'un autre tel que Marie, Jeanne, etc.

Au XVIe siècle, après les grands dîners d'apparat, les seigneurs de l'Anjou se rendaient avec leurs invités aux bords des douves de leurs châteaux ; là, le maître d'hôtel agitait une grosse sonnette : aussitôt, à cet appel, les poissons venaient se montrer en foule à la surface de l'eau. Ni le bruit, ni la conversation, ne les effrayaient : ils savaient que le son de la cloche les conviait au repas. En effet, aussitôt la troupe aquatique au complet, le maître d'hôtel prenait du pain coupé dans de larges mannes que des valets tenaient près de lui et le jetait à pleines mains aux poissons, qui le mangeaient avec avidité. Il arrivait quelquefois que les nobles châtelaines se donnaient elles-mêmes le plaisir de nourrir leurs poissons. Cet usage s'est maintenu, on peut le dire, jusqu'à nos jours. S'il n'y a plus de seigneurs, il y a toujours des poissons, et beaucoup de gens se livrent encore au soin de les apprivoiser dans leurs étangs.

La mode d'apprivoiser les poissons ne fut pas, à la même époque, générale par toute la France. Ainsi, nous lisons dans les *Mémoires de mademoiselle de Montpensier* un passage qui prouve que c'était chose nouvelle pour elle :

« J'allai, dit-elle, chez M. de Saint-Germain-Beaupré, où je fis la plus grande chère du monde, surtout en poissons d'une grosseur monstrueuse que l'on prend dans les fossés, qui sont très-beaux.

« On donne à manger aux poissons d'une manière extraordinaire. On sonne une cloche et ils viennent. Cela me paraît assez singulier pour le remarquer ici [1]. »

[1] Quoique de tous les animaux les poissons soient ceux qui, par leur nature et par celle de l'élément où ils vivent, se refusent le plus aux soins de l'homme et à son éducation, cependant l'apprivoisement dont parle la duchesse est une chose assez facile. Il ne s'agit que de leur donner tous les jours à manger dans un endroit, et à une heure fixe ; pendant ce temps, quelqu'un sonne une cloche, bientôt les poissons se familiarisent à ce bruit

Si, dès le XVIe siècle, on apprivoisait des poissons dans notre province, ce n'était point alors une innovation, et il faut remonter aux Romains pour connaître l'origine de cet amusement :

Natat ad magistrum delicata murena,

dit un vers de Martial.

Nos rivières autrefois étaient classées en royales et seigneuriales. Les rivières royales étaient du domaine du roi, et nul autre que lui n'y avait droit. Les rivières seigneuriales appartenaient soit aux seigneurs, soit aux abbayes et aux villes.

Des poteaux placés sur le bord des rivières indiquaient les limites des propriétés et des pêcheries. Une faible indemnité, et plus souvent un très-beau poisson, étaient ordinairement les clauses peu onéreuses imposées aux pêcheurs.

Le droit que les monastères exerçaient sur les pêcheries s'appelait *cœnaticum*. L'abbesse de Fontevrault prélevait quatre sols sur chaque millier de poissons pris dans ses pêcheries.

Nous trouvons dans le bail d'une pêcherie des Ponts-de-Cé, en date de 1719, nommée le Mollet-de-l'Image (on appelait *mollet* les emplacements situés près les culées des ponts, où l'eau, quand elle est grande, s'arrête ne trouvant pas un écoulement assez rapide ; ce mot mollet vient évidemment du mot *mollir*), la clause suivante, établie entre Jean du Rocher, au nom de ses trois cohéritiers, et Jean Chartier, pêcheur : « A savoir que le dit Chartier, pêcheur, donnera chaque année à messire Jean du Rocher, garde-du-corps de la compagnie de Noailles, lieutenant de maréchaussée d'Anjou, un franc saumon qui sera partagé entre les quatre propriétaires. » (C'est-à-dire que chacun avait droit au quart du saumon.) Tout saumon *bécard*, c'est-à-dire saumon mâle, n'était point reçu ; la

et il suffit ensuite de sonner la cloche pour les voir tous accourir avec empressement. J'ai joui de ce spectacle dans quelques châteaux ; mais il est probable d'après le récit de la duchesse de Montpensier, qu'on ne s'en est avisé qu'au XVIIe siècle. La petite-fille d'Henri IV n'en parlerait pas avec autant d'étonnement si elle l'eût vu dans les maisons royales, dans ses terres, ou ailleurs qu'au château de M. de Saint-Germain. (*Histoire de la vie privée des François*, par Le Grand d'Aussy, tome II, pages 75-76.)

chair de ce saumon, qu'on regardait alors comme une espèce, n'était pas aussi estimée.

Duhamel du Monceau, dans le premier volume du *Traité général des pêches*, MDCCLXXII, a consacré un chapitre que nous reproduisons ici, intitulé : *De la pêche des saumons et des truites, aux Ponts-de-Cé, pour servir de supplément à la pêche de ces poissons dans la Loire :*

« Comme j'avais passé, dit cet auteur, plusieurs fois par Angers, je ne pouvais ignorer qu'on prend beaucoup de saumons aux Ponts-de-Cé, qui n'en sont éloignés que d'une lieue ; mais ne m'y étant point trouvé depuis le mois de novembre jusqu'en mai, qui est la saison de la montée de ces poissons, je n'avais pu apprendre, qu'en conversation, comment s'y pratique cette pêche ; et ne voulant rien avancer que de bien avéré, je me suis adressé à plusieurs personnes de cette province, pour acquérir les connaissances qui me manquaient : n'ayant obtenu aucune réponse, je désespérais de pouvoir parler de cette pêcherie, qui néanmoins mérite bien d'être décrite. M. l'abbé Cotelle, doyen de Saint-Martin, et secrétaire perpétuel de la Société d'Agriculture d'Angers, étant de retour d'une absence un peu longue, a bien voulu m'aider de ses lumières.

« Nous avons dit qu'il remontait beaucoup de saumons dans la Loire ; et comme jusqu'aux Ponts-de-Cé, il n'y a point d'établissements de pêcheries qui les arrêtent, on en prend beaucoup qu'on transporte à Angers, qui forme comme un entrepôt, d'où on les distribue dans plusieurs grandes villes : on en apporte même jusqu'à Paris lorsque l'air est frais.

« On croit avoir remarqué que depuis un ouragan qui arriva en 1751, la pêche du saumon y a été beaucoup plus abondante qu'elle n'était auparavant.

« Les Ponts-de-Cé étant formés de cent trois arches, la plupart sont étroites, il aurait été facile d'y établir une pêcherie si les eaux et forêts ne défendaient pas de barrer tout le lit de la Loire par des filets ; mais vis-à-vis les arches il y a des files de pieux d'environ soixante pieds de longueur, au bout desquels on met des fascinages, pour former comme des digues, qui, du côté d'amont, ont de largeur celle des piles, et se rétrécissent un peu du côté d'aval ; ce qui établit sur les côtés un courant très-rapide, que les saumons essayent de franchir ; mais au-dessous du fascinage, l'eau est tranquille, et les saumons y entrent, peut-être pour se reposer quelque temps. On y place un bateau en travers, sur un des côtés duquel est un grand carrelet ou un guideau qu'on plonge dans l'eau, et qu'on relève toutes les cinq minutes. Il arrive souvent que d'un seul coup de filet, on prend deux, et quelquefois trois saumons surtout dans les mois de février et de mars, où la montée est la plus abondante.

« Comme les carrelets sont fort grands, on ajoute au filet une corde qu'on hâle de dedans le bateau, pour prendre plus aisément les poissons.

« Quand les eaux sont basses, on fait la pêche des saumons avec des seines, qui ont quinze ou vingt pieds de chute, et cent vingt brasses de longueur; un bout reste à terre, et l'autre est tiré par un bateau, qui décrit une ligne circulaire, ensuite les pêcheurs tirent la seine à terre, et lorsque les eaux sont hautes, ils se servent d'un tremail, que les pêcheurs du Ponts-de-Cé nomment *sidoreau*, et qui me paraît être le même que celui qu'on appelle *sedoro* à l'entrée de la Loire.

« Presque tous les saumons qu'on prend aux Ponts-de-Cé, ont les uns des œufs, les autres de la laite; mais on ne distingue point à la seule inspection les mâles des femelles.

« On en prend de bien des grosseurs différentes; car les uns ne pèsent que dix livres, d'autres vingt, d'autres trente, on en prend même quelques-uns qui pèsent jusqu'à quarante livres.

« Ce sont ordinairement les gros qui se présentent les premiers à la pêcherie. On y prend peu de bécards. Les noms de *tocans* et d'*umbres* y sont inconnus; mais on pêche des truites au-dessus et au-dessous des Ponts-de-Cé, les unes saumonnées, et les autres à chair blanche; elles ont çà et là des taches noires, et sur les côtés d'autres qui sont rouges; quelques-unes, par la couleur de la peau et les mouchetures, ressemblent aux saumons; les pêcheurs les nomment *trutts*, ils disent qu'elles sont allongées, mais que leur chair est blanche, molle, et qu'elle a peu de goût.

« Ces poissons, saumons ou truites, remontent la Loire, pour passer dans les rivières d'eau très-vive; et les meilleurs truites se pêchent dans la Mayenne, particulièrement auprès de Vendôme et de Châteaudun; leur goût est bien supérieur à celui des poissons qu'on prend dans la même rivière, près de son embouchure dans la Loire.

« On pense généralement qu'ils passent dans les petites rivières, pour y frayer, et il est étonnant que malgré la quantité qu'on en prend, il s'en échappe assez pour déposer dans ces petites rivières une immensité d'œufs qui y éclosent, s'y fortifient durant l'été et une partie de l'automne; alors les petits poissons profitent des crues pour gagner la Loire, et ensuite passer à la mer : on prétend qu'ils sont assez vifs pour échapper à la poursuite des brochets et des perches, qui cherchent à s'en nourrir.

« Mais les pêcheurs détruisent une prodigieuse quantité de ces petits poisons ; car ils se rassemblent quelquefois en si grand nombre dans les anses de ces petites rivières, pêle-mêle, avec les ables, les goujons, et beaucoup d'autres jeunes poissons, qu'on en voit quelquefois une multitude à la surface de l'eau ; les pêcheurs, sous prétexte de prendre des ables avec des seines épaisses ou des manches de filet, détruisent une immensité de jeunes poissons qui peupleraient la rivière.

Explication de la planche sur laquelle est représentée la pêche du saumon aux Ponts-de-Cé, sur la Loire, à une lieue d'Angers.

« D'après les mémoires qu'a bien voulu me procurer M. l'abbé Cotelle, doyen de Saint-Martin d'Angers et secrétaire perpétuel de la Société d'Agriculture de cette même ville, j'ai donné un détail assez circonstancié de la façon de prendre le saumon dans cette partie de la Loire ; mais en lui faisant mes remerciements de la complaisance qu'il avait eue de répondre aussi obligeamment à mes questions, je lui fis observer qu'on aurait de la peine, sur une simple description, à prendre une juste idée de la disposition du carreau qu'on emploie pour faire cette pêche ; le zèle de M. Cotelle pour le progrès des connaissances utiles l'a engagé à se transporter sur les lieux avec M. Drouerd, bon dessinateur, qui a fait le dessin au moyen duquel la manœuvre de cette pêche devient très-sensible.

« *AA* représente quelques arches des Ponts-de-Cé vues du côté d'aval ou du bas de la rivière ; *BB* sont les arrière-becs de ce pont. L'eau coule avec rapidité par les arches, mais elle est assez tranquille et presque stagnante derrière les arches et les arrière-becs *B* ; au contraire l'eau qui passe sous les arches qui sont près l'une de l'autre venant à se rencontrer, forme des remoux et des tournoiements d'eau en *QQ*; or, les saumons qui se plaisent à remonter les courants rapides semblent néanmoins chercher de temps en temps à se reposer dans des endroits où l'eau est tranquille, et pour cette raison ils quittent le grand courant pour se porter aux endroits *bb*, où l'eau coule doucement et uniformément.

« Les pêcheurs connaissant cette inclination des saumons, s'établissent pour pêcher entre les tournoiements d'eau, derrière les arrière-becs en *bb*; pour cela ils construisent du côté d'aval un

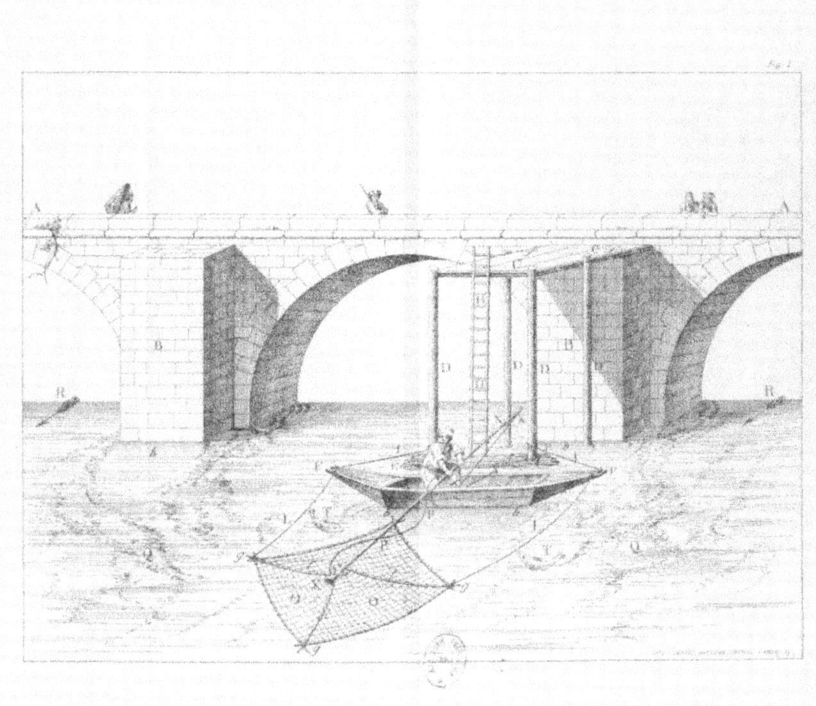
A
A
B
B
D
D
R
R
Q
Q

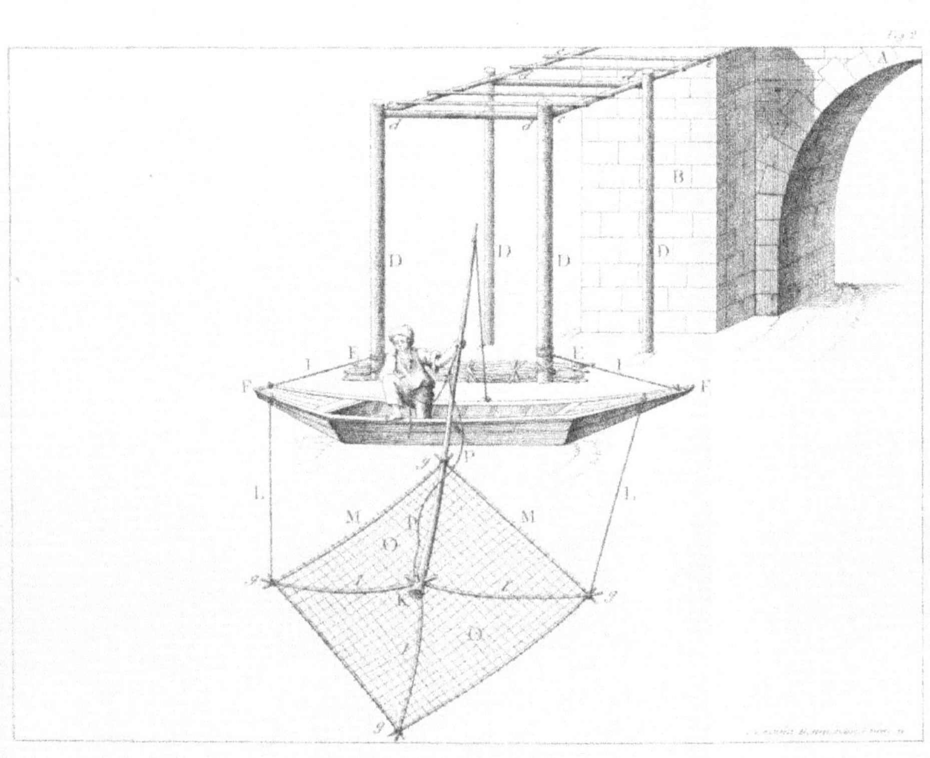
A
B
D
D
D
D
E
E
F
F
I
I
L
L
M
M
O
O
P
K

échafaud de charpente *CC*, qui est en quelque façon un prolongement de l'arrière-bec *B*.

« Cet échafaud est formé par quatre forts pilots *D*, battus dans le fond de la rivière, et qui s'élèvent de trente pieds au-dessus de la surface de l'eau; le haut de ces pilots *N* est assujetti par des traverses *d*, qui ont quinze pieds de longueur et des longerines *ee* longues de vingt-quatre pieds sur lesquelles on met des perches en travers dont la position est indiquée par des lignes ponctuées *ff* fig. 1 ; ces perches traversantes sont destinées à soutenir les planches *C* du dessus de l'échafaudage qui s'avance dans la rivière dans la même direction que l'arrière-bec *B* du pont.

« Les deux derniers pilots *DD* qui sont au bout de l'échafaud, du côté du bas de la rivière à vingt-quatre pieds de l'arrière-bec *B*, sont destinés à soutenir un fascinage *EE* formé par les fagots, quelques pieux qui ne s'élèvent qu'à la surface de l'eau et des traverses qui s'appuient sur le bas des pilots *DD*.

« Quand l'eau augmente, on ajoute des fagots, pour que le fascinage soit toujours un peu au-dessus de la surface de l'eau.

« Ce fascinage diminue la vitesse du courant dans la partie de la rivière, au-dessous de l'échafaud, et les saumons qui cherchent à sortir des motures ou tourbillons *Q* gagnent l'eau tranquille, qui est en *bb* vis à vis le fascinage, et c'est là que les pêcheurs établissent leur carreau, comme nous allons l'expliquer.

« On voit en *FF* un bateau qu'ils appellent *thoue ;* il a trente pieds de long, sur sept de largeur : on l'amarre aux pilots *D*, *D* par les cordages *II* qui l'assujettissent parallèlement au fascinage *EE*, le côté en travers, au courant.

« *HH* est une échelle dont le pied est sur le fascinage ; elle sert à descendre du haut de l'échafaud dans le bateau.

« *NN* est un levier de 40 pieds de longueur, qui a son point d'appui en *i* sur le bord du bateau ; au gros bout *K* qui est en dehors, est attaché le carrelet *MM*, et au petit bout *K* est attaché un cordage, amarré par le bout d'en bas à un pied du fascinage ; ce cordage sert à tenir le filet en respect quand il est à l'eau, pour qu'il ne fasse pas la bascule, et pour empêcher que les tourbillons *Q* l'entraînent et le fassent passer sous le bateau, comme cela arrive quelquefois quand le cordage vient à rompre : les bords du filet *MM*, qui a vingt pieds de côté, sont attachés à quatre perches *g g g g*, qui forment comme un châssis, et sous le gros bout du levier *N* sont attachées trois perches courbes, *l l l*, dont un bout entre dans un trou qui est au gros bout *K* du levier *NN*, et l'autre est attachée aux angles du châssis en *g*.

LL sont deux cordes, dont un bout est attaché aux deux angles *gg* du carrelet, et l'autre aux extrémités du bateau, pour que le filet ne se porte point trop ni du côté de la droite ni du côté de la gauche.

« *OO* est le filet du carrelet qui est tendu par son châssis; ses mailles sont assez larges pour qu'il oppose moins de résistance au courant; aux autres carrelets le filet pend au-dessous des perches courbes ; ici le gros bout K du levier *NN*, ainsi que les perches courbes, sont au-dessous du filet ; trois angles *g g g*, répondent au bout des perches courbes, et le quatrième angle *g* est attaché environ au tiers de la longueur du levier *NN*. Ce levier sert à plonger le filet dans l'eau comme on le voit dans la figure première.

« *PP* est une ligne assez déliée, que les pêcheurs appellent sonnette. On l'attache par un bout au côté du filet, qui, comme nous l'avons dit, recouvre le gros bout du levier et les petites perches courbes ; le pêcheur conserve l'autre bout de la sonnette. Lorsque le filet est hors de l'eau, et que le levier est horizontal, il tire par secousse la sonnette pour faire sortir le poisson des angles, où quelquefois il se retire. Quand on a ôté le poisson qui s'est arrêté dans le filet, on le replonge dans l'eau, ce qui se répète tous les quarts d'heure.

« *T*, sont des saumons qui sortent des tournoiements d'eau *Q* pour passer en *b*, où l'eau est tranquille, et c'est en cet endroit qu'étant rencontrés par le filet, ils sont pris.

« *RR*, sont les flèches qui indiquent la direction du courant.

« Cette pêche se fait plus communément de nuit que de jour. »

La ville d'Angers avait une pêcherie aux Ponts-de-Cé en 1620. Une contestation étant survenue entre des pêcheries voisines, le maire et les échevins se rendirent aux Ponts-de-Cé et firent placer sur le poteau de la pêcherie les armes d'Angers, qui, dit le procès-verbal de cette descente, sont aussi celles de la ville des Ponts-de-Cé [1].

Les règlements de la poissonnerie d'Angers interdisaient toute

[1] La petite ville des Ponts-de-Cé n'a jamais eu d'autres armes que celle de la ville d'Angers, qui sont *de gueules à la clef d'argent posée en pal, au chef cousu d'azur chargé de deux fleurs de lys d'or.*

Ce n'est que depuis la Révolution que les Ponts-de-Cé ont eu une administration particulière; avant cette époque, cette commune était régie par la mairie d'Angers. Le blason attribué aux Ponts-de-Cé, dans la salle de réception de la préfecture d'Angers, est un blason apocryphe.

vente de poissons hors la ville. C'était à la poissonnerie que les pêcheurs devaient déposer leur pêche. Par arrêt du Conseil de ville, en date du 18 décembre 1703, il fut permis « à tout voiturier d'acheter des pêcheurs aloses et saumons pour les voiturer à Paris ou ailleurs, sans être tenus de les apporter à Angers, à la poissonnerie, pour y être vendues après la ville fournie. »

L'Anjou, au XVIIe siècle, passait pour une des provinces de France où le poisson se trouvait en plus grande quantité. Il en est bien autrement aujourd'hui ; nos rivières sont dépeuplées, et la pisciculture semble ici une science inconnue. Laissons parler le bon Bruneau, dans son naïf langage, sur les nombreux poissons dont la poissonnerie angevine était pourvue en 1626.

Les monastères jouissaient de droits de pêche extrêmement étendus et de privilèges particuliers qu'ils avaient obtenus de la munificence des souverains. Dans une grande partie de l'Europe, la dîme du poisson appartenait au clergé. Jusqu'à Charlemagne, les religieux firent peu usage du poisson, on le considérait comme une substance trop délicate que devait exclure des monastères l'esprit de tempérance et de sobriété qui faisait la base de leur discipline. Mais depuis, la règle étant mitigée, il fut introduit, et c'est à ce moment qu'il faut attribuer la foule de donations de pêcheries, de dîmes, d'aumônes, de redevances, de poissons d'eau douce, qui se trouvent dans les actes du moyen âge. L'anguille est souvent la matière de ces concessions religieuses, ainsi que le saumon.

« En Anjou se rencontre abondamment, pour le contentement des bouches les plus friandes ; les fleuves, rivières, étangs, lacs et pêcheries qui y sont, satisfont encore davantage à cet attrayant appétit, qui délicieusement et insensiblement enchante les plus sensibles sentiments des plus irrégulières langues, d'autant que le mois de décembre, l'Angevin peut fournir de la lamproye ; combien qu'elle soit encore bien rare, dès le mois de février de l'alose ; en tous temps de l'ablette, du gardon, de la perche, du brochet, du barbot, du lampreon, de l'anguille, de la carpe, du carpeau, de la tanche, du cornau et de la brême.

« Et d'autant que les choses étrangères, bien que moindres, semblent toujours avoir je ne sais quoi de particulier, l'Anjou ne manque de toutes sortes de marée qui lui viennent de Nantes, de Saint-Malo, de Cancale et de plusieurs autres lieux ; de sorte que si la délicatesse du poisson angevin ennuie, on y rencontre aussitôt la raye, le papillon, le marsoin, le saumon, l'esturgeon, les *huîtres*, les harengs, les anchois, la sèche, la morue verte et parée, le maquereau, la baleine. »

La sardine, *clupea sprattus* (Linné), si abondante en Sardaigne, d'où elle tire son nom, ne fut commune sur les marchés de la province d'Anjou qu'au commencement du XVIe siècle. Avant cette époque, ce poisson était complètement inconnu à notre pays.

Quant au hareng, *clupea harengus* (Linné), d'après les ordonnances de police, on voit que dès le XIIe siècle il se vendait sur nos places publiques et servait principalement de nourriture au peuple angevin pendant le carême et les jours d'abstinence.

Guillaume de Beaumont, évêque d'Angers, fit placer au XIIIe siècle sur le chœur de la cathédrale Saint-Maurice, un petit clocher où se trouvait une petite cloche d'argent, prise, dit une légende, par saint Maurille, au cou d'un buffle sauvage, pendant le séjour du bienheureux évêque en Angleterre.

Tous les offices du carême étaient annoncés par le son de cette cloche : le peuple l'appelait *l'harainier* (cloche du hareng), en souvenir de la nourriture habituelle qu'il prenait dans les temps de mortification.

Il est un ancien usage qui a disparu et dont parle le bon Bruneau de Tartifume : c'était d'aller se promener pendant le carême en *Reculée* pour assister à quelques pêches. Comme le temps de la sainte quarantaine était entièrement maigre, on aimait à voir lever les filets qui devaient approvisionner le lendemain une grande partie des habitants d'Angers. Chose assez remarquable, c'est qu'au XVIIe siècle, époque où on mangeait du poisson beaucoup plus qu'aujourd'hui, nos rivières étaient bien moins dépeuplées.

Au XVIe siècle, en 1520, il y eut en Anjou une telle abondance de poisson, que les pêcheurs étaient obligés d'en jeter une grande quantité sur le rivage, et de ne prendre que les beaux, qu'ils vendaient encore fort mal. Cette abondance de poisson fut regardée comme une calamité et maints pêcheurs peu riches tombèrent dans la misère. On fit dans les églises des prières pour *éloigner les bandes de poissons qui infestaient nos rivières*[1]. Aujourd'hui, c'est le contraire qu'il faudrait faire.

Les pêcheurs n'étaient pas les seuls qui eussent droit de vendre des poissons; ce droit était encore accordé aux mariniers de rivière qui pouvaient pêcher en naviguant; ceux qui profitaient le plus de ce privilége étaient les mariniers de la Loire.

Il arriva plus d'une fois que des pêcheurs employèrent des moyens prohibés pour pêcher du poisson, mais malheur au pêcheur qui était pris en fraude : tout pêcheur convaincu d'avoir empoisonné des eaux était cité devant la juridiction à qui il appartenait et condamné à être pendu. Des peines qui variaient dans leur application étaient infligées aux gens qui pêchaient la nuit à la *lueur des brandons.*

Le poisson a de tout temps tenu une grande place dans l'art culinaire.

« Moins nourrissant que la chair, dit Brillat-Savarin dans sa *Physiologie du goût*, plus succulent que les végétaux, le poisson est un *mezzo termine* qui convient à presque tous les tempéraments et qu'on peut permettre même aux convalescents.

« Les Grecs et les Romains, quoique moins avancés que nous dans l'art d'assaisonner le poisson, n'en faisaient pas moins très-grand cas et poussaient la délicatesse jusqu'à pouvoir deviner, au goût, dans quelles eaux ils avaient été pris.

« Ils en conservaient dans des viviers, et on connaît la cruauté de Vadius Pollion, qui nourrissait des murènes avec le corps des esclaves qu'il faisait mourir : cruauté que l'empereur Domitien désapprouva hautement, mais qu'il aurait dû punir. »

Au moyen âge comme de nos jours, le poisson fut toujours en très-grand honneur dans les repas. Actuellement nos rivières sont bien dépeuplées, et il serait grand temps de songer à la multiplication des poissons.

[1] Notes de l'abbé Hucheloup des Roches, curé de Saint-Julien, et de Saint-Joseph.

Peu de provinces en France sont dans une meilleure situation que la nôtre.

L'Anjou est traversé par le large fleuve de la Loire[1] dans une étendue de 111 kilomètres; il reçoit à droite : 1° l'Authion, grossi du Couasnon et du Lathan; 2° la Maine, formée par la Mayenne et la Sarthe, grossie du Loir; la Mayenne reçoit l'Oudon, grossi de la Suzée, l'Arvaise et l'Argos, où tombe la Verzée; 3° l'Erdre reçoit le Croissel et la Maudie.

A gauche la Loire reçoit : 1° le Thouet, grossi par la Dive; 2° l'Aubance, grossi du ruisseau de Mozé; 3° le Layon, grossi de l'Hyrôme, de l'Arcison, du Javonneau, du Lys; 4° l'Èvre, qui reçoit la Vrême; 5° la Divatte; 6° la Sèvre Nantaise, grossie par la Moine.

Ces rivières reçoivent une multitude de petits ruisseaux dont la plupart ne sont jamais à sec; on a donc tous les éléments pour faire de la pisciculture. C'est une science complétement ignorée en Anjou; nous ne connaissons personne qui s'en occupe sérieusement, et cependant, si on voulait, quels magnifiques résultats on pourrait obtenir avec des cours d'eau si nombreux !

[1] La largeur de la Loire varie entre 580 à 720 mètres.

POISSONS OSSEUX.

ORDRE DES ACANTHOPTERYGIENS.

Les caractères distinctifs des poissons rangés dans cet ordre sont les rayons épineux des nageoires.

FAMILLE DES PERCIDES.

Percidæ.

Les perches sont les seuls poissons de cette famille qui habitent les rivières de l'Anjou.

GENRE PERCHE.

PERCA (Linné).

Ce genre, d'après la plupart des zoologistes, ne comprend qu'une seule espèce, qui vit dans les eaux douces et dans la mer. L'espèce qui vit dans la mer est le type d'un genre particulier : c'est le Bar (Labrax lupus Cuvier ; Perca labrax Linné !). En France il n'y a qu'une espèce (perca fluviatilis) mais en Italie il y a une espèce particulière , et d'autres vivent en Amérique et dans les Indes-

Orientales. Les perches qui habitent les eaux douces ont certains caractères qui les font facilement reconnaître, tels que les nageoires dorsales très-rapprochées l'une de l'autre, et les dentelures à la partie postérieure du premier sous-orbitaire, etc.

Il est des naturalistes qui ont formé une espèce d'une perche qui habite les lacs de Lougemer et de Geramer, dans les Vosges[1].

PERCHE DE RIVIÈRE.

Perca fluviatilis, L., vulgairement *Perchaude, perdrix de rivière.*

COLORATION. — D'un jaune d'or mêlé de vert avec de larges bandes verticales noirâtres; les nageoires ventrales et l'anale rouges, les deux dorsales violettes.

La perche, qui est un de nos plus beaux poissons, est commune dans toutes nos rivières; celle qui habite le fleuve de Loire a des couleurs plus vives que celles qu'on rencontre dans nos autres cours d'eau qui, généralement, sont très-boueux; elle est aussi d'un goût plus délicat à manger.

Ausone, faisant l'éloge de Bordeaux, sa patrie, vante la perche qu'il compare pour la bonté au mulet de mer[2].

Je ne sais jusqu'à quel point l'opinion du professeur Valenciennes, qui prétend que les perches mâles, à Paris, sont moins nombreux que les femelles, peut être exacte; mais ce qu'il y a de certain, et cela au dire de tous les pêcheurs que j'ai consultés, c'est que l'on prend en Anjou beaucoup plus de femelles que de mâles: une visite à la poissonnerie d'Angers suffira pour justifier cette assertion.

Quelques auteurs ont décrit la manière dont la perche se débar-

[1] Voir le travail de M. Emile Blanchard, membre de l'Institut, professeur au Muséum d'histoire naturelle de Paris, *les Poissons d'eau douce* de la France, genre perche, pages 127 et suivantes.

[2] Nec te delicias mensarum, perca filebo,
Amnigeros inter pisces dignande marinis,
Puniceis solus facilis contendere mullis.

rasse de ses œufs : elle le fait, en se frottant contre des roseaux ou d'autres corps aigus, dont les pointes, pénétrant dans son corps, vont déchirer la pellicule membraneuse des ovaires, et qui, en se contournant ensuite en différents sens, forment dans l'eau une sorte de chapelet analogue à celui que présente le frai de la grenouille et du crapaud. Cette description a été niée par quelques savants ; l'observation seule pouvait nous guider en pareille occurrence pour savoir la vérité. Nous n'hésitons donc pas à affirmer que la perche se débarrasse de ses œufs de la manière que nous venons d'indiquer ; c'est un point que chacun peut éclaircir. En histoire naturelle, ce n'est pas comme en archéologie ou en histoire, où malheureusement on admet souvent des opinions sans s'inquiéter beaucoup des preuves ; en histoire naturelle, dis-je, lorsqu'on signale une expérience, une observation, tout le monde est appelé à lire dans le grand livre de la nature et à s'assurer de l'exactitude des assertions avancées par l'auteur.

C'est au mois d'avril que fraye la perche et elle ne le fait qu'arrivée à l'âge de trois ans.

Harmer et Picot de Genève ont compté dans un individu pesant un kilogramme, le premier 281,000 œufs, et le second 1,000,000. Ceci n'a rien d'étonnant, et j'ai fait compter par des pêcheurs, les frères Gazeau, les œufs qui se trouvaient dans une perche du même poids, et ils ont constaté la présence de 295,000 œufs de la grosseur du pavot d'Orient, *Papaver orientale* (Linné), et je suis sûr qu'on pourrait en compter davantage.

La perche multiplie beaucoup dans nos étangs, mais grossit peu ; c'est dans nos grandes rivières, dans le courant de la Loire surtout, qu'elle atteint son entier développement, qui est en moyenne de vingt à trente centimètres de hauteur sur quarante-cinq à cinquante centimètres de longueur.

La gloutonnerie de la perche est proverbiale, aussi ce poisson est-il facile à prendre pendant les chaleurs, surtout dans les étangs ; on la voit sortir de sous les grandes herbes, où elle aime à se retirer, pour s'élancer quelquefois jusqu'à une hauteur de trente centimètres, afin de saisir les cousins qui volent à la surface des eaux. Les pêcheurs, dans ces moments, en prennent beaucoup, nous pourrions dire en quelque sorte au vol, car avant de s'élancer, la perche fait sous l'eau un long sillage fort apparent, et dont les pêcheurs connaissent parfaitement le point d'arrêt; là ils se tiennent aux aguets, et à un moment donné, enveloppent dans un filet le téméraire poisson, comme l'entomologiste le fait pour prendre les libellules.

Il n'est point de cours d'eau où l'on ne puisse rencontrer des perches; ainsi j'ai vu dans des ruisseaux très-faibles, habités seulement par des vairons et des épinoches, des perches qui, dans leur ardeur pour la chasse, s'étaient aventurées dans ces petits affluents.

Mais si les perches sont voyageuses, elles ne restent pas longtemps dans les ruisseaux dont les eaux sont basses, elles rentrent toujours à l'approche de l'hiver dans les rivières profondes.

La Faculté de médecine d'Angers, en 1765, ordonnait aux poitrinaires de se nourrir de perches. Ce poisson, d'après les doctes régents, produit un bon suc et se digère facilement. D'après eux, il faut choisir les perches, ne pas les prendre trop grosses, ni trop vieilles, parce qu'elles sont d'un mauvais goût et d'une digestion difficile, et surtout ne jamais manger de perches qui habitent les lieux bourbeux et fangeux.

Défense était aussi faite par les mêmes docteurs de manger la perche pendant les mois de mars et d'avril, époque où elle fait ses pontes. Le célèbre cuisinier de Charles VII, l'angevin Tirel dit Taillevent, la plus grande gloire culinaire de notre province, fut le premier qui accommoda pour son auguste souverain la perche à la sauce blanche [1] Nous possédons un ouvrage très-rare sur la pêche du poisson; c'est un Angevin qui l'a écrit; cet auteur ne s'est jamais fait connaître que par ces initiales : F. F. F. R. D. G, et le surnom *le solitaire inventif* : il a dédié son livre à l'archevêque de Tours en 1660 [2], et donne la recette suivante pour pêcher la perche.

« La perche, dit cet auteur, ne se prend facilement aux rêts ni à

[1] M. le baron Pichon a découvert le tombeau de Tirel dit Taillevent à Hennemont près Saint-Germain-en-Laye. Taillevent était né à la Menitré.

[2] Nous savons que l'auteur de ce curieux livre est Angevin, parce qu'il le dit dans une préface, mais il n'indique pas le lieu de notre province où il est né.

la nasse, mais plutôt avec amorceure propre comme en eau troublée : par quoy il faut faire un appas avec foye de chèvre et le mettre à l'hameçon.

« Ou bien prenez papillons jaunes qui volent, fromage de chèvre de chacun demie once, opopanacis le poids de deux escus, sang de porc demie once, de galbanum autant : pilez bien le tout, et meslez ensemble, et versez par dessus de gros vin pur, et en faites de petits pains, comme si vous vouliez faire parfums, et les séchez à l'ombre. »

Nous donnons cette recette pour ce qu'elle vaut ; c'est un document concernant l'histoire de la pêche angevine, et voilà tout. Aujourd'hui, pour pêcher les perches, on n'a pas besoin d'employer de tels appâts. La perche se prend à toute sorte de filets, à la ligne elle mord parfaitement aux lombries, à l'*asticot*[1], mais, ce qu'elle préfère par-dessus tout au printemps, ce sont les larves de névroptères, appelés phryganes, à antennes fauves (*phrygana flavicornis*), phryganes rhombifères (*phrygana rhombica*), qui construisent avec des buchettes et de petits brins de plantes aquatiques des étuis dans lesquels elles se logent et qu'elles traînent avec elles dans nos fossés pleins d'eau ; ce sont les larves de ces insectes que nos pêcheurs appellent *chaluberts*.

FAMILLE DES COTTIDES.

Cottidæ.

De tous les poissons d'eau douce de cette famille, nous ne connaissons en Anjou que le chabot.

[1] L'asticot est un appât très-recherché des pêcheurs à la ligne. Nous connaissons un *fabricant* d'asticots qui en fait un débit très-considérable. C'est curieux de voir les samedis une foule de pêcheurs composée de rentiers, d'ouvriers et de gamins faire queue à la porte du fabricant. Ce mot de *fabricant*, employé dans ce sens, paraîtra peut-être étonnant, mais cependant il est juste. L'industriel en question fait macérer des charognes ; quand elles sont en putréfaction, les vers s'y mettent ; ce sont ces vers que les pêcheurs appellent *asticots* ; alors il les recueille dans des boîtes de fer-blanc garnies de son, le ver se purifie, et c'est ainsi qu'il est livré au pêcheur. Si ce peti métier de *fabricant d'asticots* est lucratif, il faut, avouons-le, un odorat peu sensible, pour l'exercer.

GENRE CHABOT.

COTTUS (Linné).

CARACTÈRES. — Tête large, déprimée, cuirassée et diversement armée d'épines et de tubercules; yeux hauts et rapprochés, six rayons aux branchies, et trois ou quatre seulement aux ventrales. Ceux des eaux douces ont la tête plus lisse : les uns habitent les fleuves et rivières, d'autres vivent dans la mer.

LE CHABOT DE RIVIÈRE.

Cottus gobbio (Linné), vulgairement *le chaboisseau*, *le godet*, *le têtard*, *l'échabot*.

COLORATION. — Dos brun jaunâtre, marqué en travers de trois ou quatre larges bandes brunes; tête élargie, un piquant crochu près des joues, sur chaque opercule. Nageoires pectorales arrondies, crénelées; dessous du corps blanchâtre. Longueur, environ onze centimètres.

Le nom de *chaboisseau*[1] donné au chabot se composait dans l'origine de ces deux mots : chabot-boisseau, qui plus tard n'en ont plus fait qu'un.

Il est, en Anjou, un vieux proverbe qui dit :

Homme et bête ne sont beaux,
Quand la tête ressemble au boisseau.

C'est-à-dire, quand la tête a un développement extraordinaire. Or, comme le chabot a la tête beaucoup plus grosse que le corps, le peuple l'avait appelé chabot-boisseau et, aujourd'hui, chaboisseau[2].

Le nom vulgaire de *godet* est facile à comprendre : on a donné ce nom au poisson qui nous occupe à cause de sa ressemblance avec les godets en bois dont on se sert encore dans les campagnes pour puiser de l'eau et se laver les mains; la forme du godet, par sa tête

[1] Une espèce très-commune, sur les côtes de l'Océanbo réal et de la Manche, est le cotte chaboisseau, *cottus scorpio* (L.), qu'il ne faut pas confondre avec notre chaboisseau.

[2] Au XVIIe siècle, on écrivait *Chaboiceau*.

et sa queue, rappelle assez celle du chabot, et ce nom populaire a une bonne signification.

Quant à celui de *têtard*, il vient du rapprochement pour la forme qui existe entre les larves des batraciens, appelés têtards, et le chabot. Enfin, dans l'échabot (c'est ainsi qu'on désigne la toupie que les enfants mettent en mouvement de rotation avec une corde roulée alentour d'elle) on a cru voir quelque ressemblance entre ce jouet et la tête de notre petit poisson; de là cette dénomination, qui me paraît vicieuse.

Le chabot figure dans plusieurs blasons : on le trouve dans celui des Rohan-Chabot.

Le satirique Régnier, parlant de troquer des choses égales, a dit :

> Si ce n'est un *chabot* pour avoir un gardon.

Au printemps, dans les cours d'eau peu profonds, on rencontre sur les graviers, que nos pêcheurs appellent le *jard*, des pierres soulevées et sous lesquelles se tient un chabot immobile. Si vous levez cette pierre, vous trouvez dans un canal creusé exprès, des œufs qui sont gardés par un chabot mâle jusqu'à l'éclosion, ce qui n'a lieu qu'au bout de quatre semaines. Je n'ai jamais pu constater une éclosion plus précoce. J'ai remarqué, en l'année 1868, au mois d'avril, dans la petite rivière d'Aubance, tous les matins à la même place, un mâle qui veillait avec une tendre sollicitude sur les pontes de sa femelle.

Quand les œufs sont éclos, le chabot n'abandonne pas sa progéniture : il nage de concert avec elle, jusqu'à ce que les petits aient atteint à peu près la grosseur des individus qui caractérise son espèce.

Cet attachement du chabot mâle pour sa progéniture est un fait bien curieux, car généralement, chez les autres poissons, après les amours, le mâle délaisse la femelle, sans prendre nul souci de ses petits.

Le chabot est très-vorace : il se nourrit de petits poissons, et quelquefois de gros, lorsqu'il peut les atteindre, de vers, d'insectes, et même, pressé par la faim, il attaque sa propre espèce.

Pour s'emparer de sa proie, il use de ruses. Ainsi, au lieu, comme la perche, de s'élancer, souvent avec témérité, à la poursuite d'un poisson qu'elle veut saisir, il se tient en embuscade sous des pierres, et ne sort de ce réduit que lorsqu'il est sûr de saisir l'animal qu'il convoitait du regard.

Le chabot est peu agréable à manger, aussi généralement n'est-il pas recherché. C'est surtout parmi le peuple qu'il est le plus en usage comme aliment.

On se sert pour le prendre à la ligne d'un appât particulier et auquel nul autre poisson ne mord : c'est la cerise, surtout celle de Montmorency, dont il est extrêmement friand. Le fromage est encore fort appétissant pour le chabot. Il est un autre appât très-usité, mais qu'il suffit de nommer pour dégoûter de manger la chair de ce poisson : nous voulons parler des excréments humains que certains pêcheurs emploient pour pêcher le chabot. C'est avec cet appât qu'ils font les captures les plus abondantes.

La cuisson donne une couleur rouge à la chair du chabot.

FAMILLE DES GASTÉROSTÉIDES.

Gasterosteidæ.

Cette famille comprend ces petits poissons à épines dorsales qui peuplent nos ruisseaux et qui sont connus sous le nom d'Épinoches.

GENRE ÉPINOCHE.

GASTEROSTEUS (Linné).

Caractères. — Corps oblong, joues cuirassées, tête sans épines ni tubercules, un bec sans lèvres. Ce qui les distingue surtout, c'est que leurs dorsales sont composées d'épines libres, et n'ont point la forme de nageoires; les ventrales se réduisent à peu près à une seule épine.

I.

ÉPINOCHE AIGUILLONNÉE.

Gasterosteus aculeatus (Linné); vulgairement *épinglette, épinard, alène de savetier*.

Coloration. — Brun olivâtre en dessus; le ventre et le dessous de la bouche d'un blanc argenté; une bande bleuâtre autour du ventre, un peu de cette couleur au bout de la queue; trois épines sur le dos, à l'époque du frai, on remarque près des ouïes une teinte rose.

Le nom d'*épinglette* donné à ce poisson vient de la ressemblance de ses épines avec les petites épingles appelées *épinglettes*.

On a cru distinguer aussi une ressemblance entre le fruit de l'épinard épineux, *spinacia spinosa* (Mœnch), qui est garni de pointes aiguës et divergentes, et les piquants de l'épinoche : de là le nom vulgaire d'épinard. Le nom d'*alène de savetier* n'a pas besoin d'explication : l'instrument dont se sert le *recarreleur en cuir* est remis en mémoire aux habitants de la campagne lorsqu'ils aperçoivent les aiguillons de l'épinoche.

L'épinoche aiguillonnée est un des plus petits poissons de l'Anjou. Sa taille ne dépasse guère cinq centimètres. Elle est très-commune dans nos petits cours d'eau, tels que l'Aubance, le Lathan, le ruisseau de Frotte-Penil, en Saint-Laud, le Saint-Aubin, commune de Saint-Remi-la-Varenne, l'Arcison, le Javonneau, etc. Il faut très-peu d'eau pour ce poisson. L'ichthyologiste allemand Bloch prétend que l'existence de l'épinoche ne se prolonge pas au delà de trois années. Cuvier fait remarquer que cette assertion n'a pas été démentie. Mais il reconnaît cependant qu'on ne peut pas lui donner un caractère de certitude[1]. Cette observation de Cuvier est parfaitement juste, et l'expérience a démontré que la prétention de Bloch, relative à l'existence de l'épinoche, ne peut être appliquée à tous les pays. Ainsi, nous connaissons une personne qui possède dans son *aquarium* en plein air, et où l'eau se renouvelle fréquemment, des épinoches depuis quatre ans, et qui semblent encore être appelées à de longs jours. Nous avons remarqué souvent dans nos ruisseaux des épinoches qui avaient sur la tête un petit duvet blanc, que nous avons attribué à la vieillesse; nous l'avons observé chez toutes les espèces dont nous allons parler.

L'épinoche forme dans la vase un nid pour le dépôt des œufs. C'est le mâle qui est l'architecte ; il le fait à l'aide de son museau, comme l'oiseau fait le sien à l'aide de son bec. Ce nid est admirablement construit, et composé de plantes aquatiques où le *Glyceria*

[1] Blanchard, *Poissons d'eau douce de la France*.

fluitans (Brown) domine. Enduit de mucus, il est toujours tapissé au fond de conferves. Ce nid a deux ouvertures, dont une beaucoup plus petite. L'épinoche se nourrit d'insectes, de mollusques et de petits poissons ; elle est très-nuisible au peuplement des rivières, car elle détruit beaucoup de frai. L'épinoche sert aux pêcheurs comme appât pour pêcher au vif.

Nous avons dit, en cette étude, que nous n'avions aucun travail angevin qui pût nous guider dans nos recherches. En effet, dans sa *Faune*, M. Pierre Millet n'a donné qu'un catalogue accompagné de courtes descriptions tirées de Cuvier. D'après ce catalogue, nous ne devrions compter en Anjou qu'une seule espèce d'épinoche, l'*épinoche aiguillonnée*. L'inspection de nos ruisseaux suffira aux naturalistes pour montrer que nos richesses ichthyologiques en ce qui concerne l'épinoche sont plus grandes, et nous allons parler des espèces dont nous avons constaté la présence, et qui sont faciles, au premier coup d'œil, à distinguer de l'épinoche aiguillonnée, avec laquelle on les a confondues.

II.

ÉPINOCHE DEMI-CUIRASSÉE.

Gasterosteus semiloricatus (Cuvier).

CARACTÈRES. — Cette épinoche, plus allongée que celle que nous venons de décrire, a ses deux premières épines dorsales très-aiguës et très-longues, et larges à la base ; son armature latérale ne dépasse guère le quatrième rayon de la nageoire dorsale et est composée de quatorze plaques osseuses.

C'est dans le ruisseau de Mozé que j'ai observé pour la première fois cette épinoche. Elle se tient surtout dans les parties du ruisseau qui sont bordées de prés. Elle vit isolée ; jamais on n'en rencontre plus de deux ensemble. C'est d'après des individus provenant des environs du Havre que Cuvier a reconnu cette espèce.

III.

ÉPINOCHE DEMI-ARMÉE.

Gasterosteus semiarmatus (Cuvier).

COLORATION. — L'épinoche demi-armée diffère peu de l'épinoche aiguillonnée, quant à la taille et aux couleurs. Son armure latérale ne dépasse pas le quatrième rayon de la nageoire et est composée de treize plaques osseuses.

J'ai bien vu des poissons appartenant à cette espèce, et jamais je n'ai pu qu'une seule fois compter quatorze plaques, toujours j'ai trouvé le nombre treize; l'operculе est beaucoup plus court que chez l'épinoche aiguillonnée, très-commune surtout dans le ruisseau de Frotte-Pénil, en Saint-Laud.

IV.

ÉPINOCHE NIMOISE.

Gasterosteus Nemausensis (Crespon).

Coloration. — Dos et côtés d'une couleur d'un brun olivâtre clair, ventre et côtés argentés; sur ces parties il existe une teinte bleuâtre foncée qui se reproduit autour des yeux; le milieu du dos cintré, la séparation de la tête et du cou forme un enfoncement, ce qui rend cette partie du corps raboteuse. Mais ce qui caractérise mieux cette espèce, c'est que son dos n'est armé que de deux épines, dont une est placée sur le haut du dos et l'autre à la naissance de la nageoire caudale. Celle-ci est très-faible. Sa taille est plus forte que celle de l'épinoche lisse, et surtout elle est plus trapue.

Elle habite le Lathan, le Gressillon et le Couasnon. C'est dans l'arrondissement de Baugé qu'elle est la plus commune.

Les épinoches nagent toujours par bande; c'est très-rare d'en rencontrer quelques-unes isolées. L'épinoche à deux raies fait exception. Abondante dans nos ruisseaux, on ne rencontre ensemble que de petites compagnies formées de cinq à dix individus.

V.

ÉPINOCHE A QUATRE ÉPINES

Gasterosteus quadrispinosa (Crespon).

Coloration. — Un peu plus petite que l'épinoche aiguillonnée, la distribution des couleurs est la même; mais, dit Crespon, ce qui doit la séparer et en faire une espèce, c'est qu'elle porte quatre épines sur le dos au lieu de trois, et qu'à partir de l'épine antérieure jusqu'au bout du museau, c'est presque un angle droit, tandis que chez le *gasterosteus aculeatus* cette partie forme une ligne courbe.

Cette espèce a été décrite par M. Crespon dans sa *Faune méridionale*, en 1844 ; il l'avait trouvée dans la Vistre. Elle est fort commune en Anjou. Je l'ai observée pour la première fois dans le ruisseau de Mozé, qui part du bourg de ce nom, et vient tomber, au village de Petit-Claye, dans l'Aubance.

VI.

ÉPINOCHE A QUEUE LISSE.

Gasterosteus leiurus (Cuvier).

COLORATION. — Couleur verdâtre pointillée de noir, partie inférieure du corps d'un blanc d'argent. Taille, trois à quatre centimètres.

Cette espèce est la seule du genre observée, jusqu'à présent, aux environs de Paris, dit M. Emile Blanchard dans son livre sur les *Poissons d'eau douce*. Elle est très-commune en Maine-et-Loire. Elle a cela de particulier qu'on la rencontre dans les eaux profondes, telles que celles du Layon; elle habite également les petits ruisseaux. Ainsi, je l'ai observée dans celui de Joannette, commune de Martigné-Briant.

Les épinoches sont recherchées par les enfants de la campagne, qui les portent à leurs parents pour faire des fritures. L'épinoche lisse est de toutes les espèces celle qui est la moins coriace.

ÉPINOCHETTES.

L'*épinochette*, le plus petit de nos poissons d'eau douce, a, en diminutif, les formes de l'épinoche : ses épines, sans dentelures sur les bords, sont au nombre de huit à onze.

I.

ÉPINOCHETTE PIQUANTE.

Gasterosteus pungitius (Linné).

COLORATION. — Couleur d'un vert sombre, ponctué de noir en dessus et parsemé de blanc en dessous, gorge rouge, nageoires jaunes à dix rayons, une armure latérale.

L'épinochette piquante, ainsi que les autres espèces, est un poisson nidificateur. Au lieu d'établir son nid dans la vase comme l'épinoche, il le place au milieu d'herbes aquatiques, souvent dans les touffes du *Phalaris arundinacea* (L.). Ce nid, plus petit que celui de l'épinoche, est d'une forme plus gracieuse ; comme lui, il possède deux ouvertures et est aussi l'œuvre du mâle, non-seulement un ouvrier habile, mais encore un tendre père, qui pendant quinze jours, terme le plus long de l'éclosion, veille sur les pontes avec une sollicitude qui n'est pas plus grande chez les oiseaux pour leurs œufs. La reproduction des épinochettes a lieu de mai à juin.

II.

ÉPINOCHETTE LISSE.

Gasterosteus Lævis (Cuvier.)

Coloration. — Vert clair, parsemé de points noirâtres, tête effilée, épines dorsales au nombre de neuf ; les nageoires pectorales ont dix rayons, l'anale neuf, pas d'armure latérale.

Cette épinochette est très-commune : nous l'avons rencontrée dans tous nos ruisseaux : elle marche en troupes nombreuses.

III.

ÉPINOCHETTE A TÊTE COURTE.

Gasterosteus breviceps (Blanchard.)

Coloration. — D'un vert olivâtre orné de petits points noirâtres réguliers, tête très-bombée en dessus, lèvres épaisses, queue lisse.

Cette espèce nous a été inconnue jusqu'en 1868. En lisant avec attention la description de l'épinochette à tête courte, donnée par M. Emile Blanchard, nous avons acquis la certitude qu'elle habite l'Anjou. Je l'ai trouvée pour la première fois à Petit-Claye, commune de Mûrs, dans le ruisseau de Mozé. Jamais je ne l'ai vue en troupes nombreuses.

En terminant la famille des *Gasterosteides*, nous constaterons que depuis 1828, notre faune s'est enrichie de sept poissons de cette famille. Les espèces que nous avons décrites sont tellement communes dans nos cours d'eau, qu'il est impossible, même à l'homme le plus mal intentionné, d'en nier l'existence en Anjou[1].

[1] En 1868, M. Pierre Millet a publié un supplément de vingt-trois pages à sa *Faune*. Cet auteur, sans tenir compte des progrès de la science et des nom-

FAMILLE DES MUGILIDES.

Mugilidæ.

Les mugilides sont des poissons de mer qui remontent les rivières ; un seul genre compose cette famille, le genre *muge*, reconnaissable à ses grandes écailles et à sa forme allongée.

GENRE MUGE.

Le genre muge contient un grand nombre d'espèces.

LE MUGE CAPITON.

Mugil Capito (Cuvier) ; vulgairement *mugeon*, *mulet*.

COLORATION. — D'un gris bleuâtre, clair sur les côtés, blanc à la région centrale ; quelques lignes verdâtres sur les flancs. Ce poisson a des écailles tout le long du corps et sur la tête.

Le mulet atteint une taille assez élevée, depuis $0^m,40$ à $0^m,70$; il remonte de la mer vers notre fleuve de Loire et nos grandes rivières ; arrivé au village de la Pointe, souvent les nombreuses bandes de mulets se divisent : les unes se dirigent vers les Ponts-de-Cé, d'autres entrent en Maine, et bientôt se répandent dans la Mayenne, la Sarthe et le Loir. Sa pêche commence à la mi-mars et finit à la fin d'octobre ; c'est à cette époque que le mulet retourne à la mer. Ce poisson est très-voyageur. On voit souvent, dans la belle saison, des bandes de mulets qui descendent la Loire et se dirigent vers la mer, puis reviennent de nouveau dans les eaux de la Loire avant la saison d'hiver. Le mulet est plus agile encore que la carpe ; il saute avec une extrême facilité par-dessus les filets lorsqu'ils sont tirés de l'eau, au grand désespoir du pêcheur, car ce poisson est très-estimé en Anjou.

M. Pierre Millet a décrit dans sa *Faune*, en l'année 1848, un poisson qui n'a jamais été pêché dans les rivières de l'Anjou. C'est le muge céphale, *mugil cephalus* (Cuvier). Le mulet céphale est

breuses découvertes faites en Anjou, prétend que de 1828 à 1868, on ne doit enregistrer que deux mammifères et un reptile, et que son livre est le *recueil le plus complet des animaux vertébrés propres au département de Maine-et-Loire !*

une espèce méditerranéenne qu'on ne rencontre, au printemps, que dans le Rhône, et qui remonte souvent jusqu'à Avignon [1].

En 1668, la Faculté de médecine d'Angers ordonnait aux jeunes gens d'un tempérament chaud et bilieux de manger de la chair du mulet. Dès cette époque, on distinguait deux espèces de mulets :

« Le mulet de rivière, *mulus*, disait dans ses cours le professeur Deselle, ne doit pas être trop gras, car sa graisse a quelque chose de rebutant et peut causer pour l'estomac des soulèvements et des nausées.

« Le mulet de rivière doit être mangé rôti, mêlé de quelques assaisonnements qui aident la digestion dans l'estomac.

« Quant au mulet de mer, *espèce* méditerranéenne, appelé en latin *cephalus*, il est préférable à tous autres, mais ne se rencontre point sur nos marchés. »

ORDRE DES MALACOPTÉRYGIENS.

Ce sont les rayons flexibles aux nageoires qui caractérisent les poissons compris dans cet ordre.

FAMILLE DES PLEURONECTIDES.

Pleuronectidæ.

On comprend dans cette famille les poissons privés de vessie natatoire, dont les yeux sont du même côté et qui nagent sur le flanc opposé, tels que le flet, la plie, la sole, la limande, le turbot, etc. Ces poissons se tiennent le plus habituellement au fond de l'eau et sont désignés dans la poissonnerie sous le nom de *poissons plats*.

GENRE PLEURONECTE.

PLEURONECTES (L.); PLATESSA (Cuvier).

CARACTÈRES. — Les dents tranchantes disposées à chaque mâchoire sur un seul rang, les nageoires dorsales partant de l'œil supérieur, tels sont les principaux caractères des poissons compris dans ce genre. Tous

[1] Emile Blanchard, *les Poissons d'eau douce de la France*.

appartiennent à des espèces très-communes sur nos côtes. Nous n'aurons à nous occuper que de la plie, *pleuronectes platessa* (L.), et du flet, *pleuronectes flesus* (L.).

PLIE FRANCHE OU CARRELET.

Pleuronectes platessa (L.), *platessa vulgaris* (Cuvier) ; vulgairement *puisse.*

Coloration. — Ce poisson a, lorsqu'il est jeune, le côté gauche du corps d'un blanc bleuâtre et rougeâtre, lorsqu'il atteint un âge plus avancé ; le brun-gris du côté droit est parsemé de taches aurore. Sept tubercules forment une ligne sur le côté droit de la tête ; les bases des nageoires anale, dorsale et caudale sont couvertes de petites écailles ; aiguillon assez fort en avant de l'anale ; mâchoire inférieure avancée.

La plie était connue comme aliment au treizième siècle, sous le nom de *plais*. Ce poisson de mer remonte la Loire tous les ans au printemps, et lorsqu'elle déborde, on est sûr, dans les fossés des prairies inondées, de trouver, après que l'eau s'est retirée, des plies qui se sont aventurées en ces lointains parages, et qui deviennent la proie des pêcheurs.

Au moyen âge, parmi les poissons estimés, nous trouvons en première ligne la plie de Loire.

Dans la magnifique basilique de Cunault se voit encore une fresque très-bien conservée, représentant saint Christophe portant l'Enfant-Dieu sur ses épaules et traversant le bras de mer de Kerentrée.

Le géant Christophe, vêtu d'un costume oriental, tient dans sa large main un arbre qui lui sert de bâton. La tête de l'Enfant Jésus est entourée d'un nimbe orné de deux pétales jaunes ; au pied de l'infatigable passeur se trouve dessinée au trait une multitude de poissons faciles à reconnaître, et qui prouvent la vérité de cette assertion, qu'au moyen âge, les artistes choisissaient leurs modèles sur les lieux mêmes où ils travaillaient.

Ainsi, on distingue l'anguille, la carpe, la perche, la tanche, le brochet, la plie, etc.

La plie n'est point peinte de fantaisie : c'est bien le poisson qui porte ce nom, et non le flet, dont nous allons nous occuper.

La Faculté de médecine d'Angers, en 1668, ordonnait aux

jeunes gens d'un tempérament chaud et bilieux de manger de la plie, qui contient, d'après les doctes régents, beaucoup d'huile, de phlegme, et peu de sel volatil. On se servait aussi de ce poisson comme purgatif, quand la chair était avancée. C'était, d'après les prescriptions du corps médical, un moyen de *lâcher le ventre* et *d'adoucir les âcretés de la poitrine.*

PLEURONECTE (Flet).

Pleuronectes flesus (Linné), (*platessa flesus*, Cuv.) vulgairement *picaud, passereau de rivière.*

COLORATION. — Côté où sont tournés les yeux d'un brun verdâtre, tacheté d'orange; peau couverte de petites écailles. Taille, dix-huit à trente centimètres.

Le flet, qu'on a confondu avec la plie, est cependant assez facile à distinguer par tout son ensemble; il est surtout plus oblong que la plie; comme cette dernière, il se nourrit de vers, de mollusques et d'insectes. Il remonte la Loire et y vient frayer au mois de mai.

Le flet s'enfonce dans le sable de nos grèves et ne laisse paraître à la surface que le bout de son museau; il faut un œil bien exercé pour l'apercevoir. Les pêcheurs, experts en pareille matière, parcourent les bords de la Loire armés d'un instrument en fer pointu qu'ils enfoncent dans le sable, là où ils ont distingué la place d'un flet; ils retirent avec rapidité le fer, en faisant sauter à terre le poisson qu'ils viennent de blesser.

Le flet comme la plie, est très-voyageur; on le rencontre souvent dans les petits cours d'eau, mais il n'y reste pas longtemps. C'est dans la Loire qu'il élit son domicile. Le flet de Loire est très-estimé et se vend très-bien.

FAMILLE DES GADIDES.

Gadidæ.

Les poissons qui composent cette famille se distinguent par la position des ventrales qui sont placées sous la gorge, leurs écailles molles, par leurs nageoires dorsales, composées de rayons mous. Toute cette famille ne comprend que des espèces marines; une seule, la lote, remonte nos fleuves et rivières.

LA LOTE COMMUNE.

Lota vulgaris (Linné).

COLORATION. — Fond jaune avec marbrure brune; un seul barbillon sur le menton; corps gluant, presque cylindrique, couvert de petites écailles molles et minces; ventre blanc, les deux dorsales de même hauteur; la tête déprimée. La longueur varie de trente-trois à soixante-six centimètres.

C'est avec le mois de décembre que la lote remonte la Loire; c'est aussi à cette époque qu'elle fraye. Arrivée dans nos rivières, il est très-rare que la lote retourne à la mer; elle s'y habitue et devient poisson sédentaire. La lote aime beaucoup les eaux claires et ne craint pas de s'aventurer dans nos moindres cours d'eau; elle se fait un trou sous une pierre, s'y blottit et attend que le courant lui amène des insectes, des vers, des mollusques. Elle a un moyen particulier d'attirer à elle ces petits animaux, en agitant son barbillon. La lote s'attaque, pressée par la faim, à d'assez gros poissons; elle détruit beaucoup de fraî. La lote à la *poulette* est délicieuse.

La lote est très-estimée. Elle n'atteint guère plus de soixante centimètres et se développe lentement. On n'a pas d'exemple, en Anjou, d'avoir vu des lotes frayer avant l'âge de quatre ans. L'incubation est de six semaines.

FAMILLE DES CYPRINIDES.

Cyprinidæ.

Le caractère distinctif des nombreux poissons abdominaux qui forment cette famille est l'absence complète de dents, excepté sur les os pharyngiens.

La famille des cyprinides se divise en deux tribus : les cobitines, poissons à petites têtes, et les cyprinines, poissons aux larges ouïes et à la forte tête. La loche appartient à la première tribu.

GENRE LOCHE.

COBITIS (Linné).

CARACTÈRES. — Tête petite, corps allongé couvert de petites écailles et enduit d'une matière gluante; les ventrales placées en arrière du corps et au-dessus d'elles, une seule dorsale; bouche peu ouverte, point de dents, mais entourée de lèvres propres à sucer, et des barbillons.

Nous comptons en Anjou trois espèces de loches : la loche franche, la loche de rivière et la loche d'étang.

Ménage[1] rapporte que « le roi Henry IV, pour confondre la vanité de l'Espagnol qui disait que Paris tournerait dans son gant (ou Gand) répondit qu'il avait une loche si grande, que tout le beurre d'Espagne ne suffirait pas pour la frire. » Il entendait, ajoute Ménage, parler de la tour de Loches, répliquant ainsi à un calembourg par un autre. Ménage dit que « les Anglais appellent ce même poisson *Lock*, les Allemands *Lock*, les Espagnols *Loxa*, et les Italiens *Lochia*. »

Autrefois, la loche était plus recherchée qu'elle ne l'est aujourd'hui. Comme toutes les espèces qui appartiennent à ce genre, sauf celle qui existe dans les étangs, elle ne peut vivre que dans des eaux courantes, les pêcheurs, pour être à même d'approvisionner la poissonnerie, avaient en Maine des coffres de bois percés, afin que l'eau s'y renouvelât. C'est ainsi qu'ils conservaient les loches. Les coffres destinés à cet usage s'appelaient des *locheries*.

LA LOCHE FRANCHE.

Cobitis barbatula (Linné), vulgairement *barbotte*.

COLORATION. — Dessus du corps d'un brun olivâtre; côtés jaunâtres, nuagés et pointillés de brun; six barbillons aux mâchoires. Douze à quinze centimètres de longueur.

Les habitants de la campagne appellent ce poisson *barbotte*, *barbette*, à cause de l'habitude qu'il a de barboter dans la vase. Ce poisson marche par troupes; il se loge sous les pierres, vit de mollusques et d'insectes; on le rencontre fréquemment dans nos petits cours d'eau; les pêcheurs le prennent aux nasses. Il fraye de mars en avril, il est d'une très-grande fécondité. La loche est recherchée par les gourmets; on en fait d'excellentes fritures.

[1] Ménage est né à Angers, le 15 août 1613, rue de l'Hôpital, nº 28. Il serait à désirer qu'une plaque fût posée sur la maison où est né cet érudit, afin de rappeler son souvenir aux générations futures.

LA LOCHE DE RIVIÈRE.

Cobitis tænia (Linné).

COLORATION. — Orangé, avec plusieurs séries de taches noires, parmi lesquelles on voit de petites marbrures brunes; le corps est comprimé; elle porte six barbillons et une pointe fourchue et mobile en avant de chaque œil; le dessous du corps n'a point de taches.

Cette espèce, plus petite que celle dont nous avons parlé, est peu recherchée; ses fines arêtes la rendent désagréable à manger. Sa chair est fort coriace. La loche de rivière se trouve à peu près dans tous nos cours d'eau. Elle vit isolée.

LOCHE D'ÉTANG.

Cobitis fossilis (Linné).

COLORATION. — Dos noirâtre, rayé de jaune et de brun, ventre orangé, piqueté de noir; dorsales et caudales de même; ventrales et anales jaunes; joues tachées de brun; dix barbillons, quatre à la mâchoire inférieure, six à la supérieure. Ce poisson atteint jusqu'à trente-trois centimètres de longueur.

Cette loche se trouve dans l'étang Saint-Nicolas. Il y a bien dix années que nous l'avons observée en ce lieu et nous sommes étonné que, depuis 1828, année où l'on publia un catalogue des poissons de Maine-et-Loire, on n'ait pas signalé la loche d'étang à Saint-Nicolas, où elle est commune ; pour ceux qui seraient dans le doute, il leur suffira de consulter les grands travaux qui ont été faits sur les poissons, d'examiner les planches publiées[1] et ils verront que nous possédons bien en Maine-et-Loire ce poisson, qui, du reste, est rare dans notre pays. Nous ne connaissons que l'étang Saint-Nicolas où on le rencontre; la loche d'étang a la vie dure et, contrairement aux autres espèces, elle peut s'élever dans un réservoir où l'eau est à l'état de repos absolu.

J'ai eu plus d'une année une loche d'étang dans un bassin dont le fond était couvert de vase; je remarquai que constamment ce poisson se tenait caché dans la boue, et il n'en sortait que lorsqu'il

[1] Emile Blanchard, *Poissons d'eau douce de la France*, page 290.

faisait un temps orageux ; alors il nageait à la surface de l'eau, se laissait prendre et semblait malade ; mais dès que le temps était moins chaud, tout de suite la loche rentrait dans la vase, son gîte habituel. La loche fraye dans les mois d'avril et mai. Comme ses congénères, elle se nourrit de mollusques et d'insectes. Rare en Anjou, je ne l'ai jamais vue dans nos poissonneries et je ne sache pas qu'elle soit souvent prise par les pêcheurs de l'étang Saint-Nicolas, qui aiment mieux emplir leur *sentineau* [1] de plus gros poisson.

GENRE GOUJON.

GOBIO (Cuvier).

CARACTÈRES. — Tête large, bouche munie de longs barbillons à la base de la mâchoire inférieure ; nageoires étroites à la base.

GOUJON DE RIVIÈRE.

Gobio fluviatilis (Valenciennes).

COLORATION. — D'un bleu noirâtre sur le dos, ventre blanchâtre, à reflets jaunes ; la ligne latérale presque droite est marquée de taches bleues ; nageoires jaunâtres et quelquefois rougeâtres ; le bout de la queue rayé de brun en travers.

Ce poisson est très-estimé pour les fritures. En 1705, la Faculté de médecine d'Angers ordonnait aux personnes convalescentes de manger du goujon. Ce poisson, disaient les maîtres de la science d'alors, produit un bon suc et se digère facilement. Le goujon est très-abondant dans la Loire, le Louet, etc. Il est un fait incontestable, c'est que dans nos rivières les femelles sont beaucoup plus nombreuses que les mâles, dans la proportion d'un contre six.

Le goujon a la vie très-dure ; les anguilles en sont fort friandes, aussi les pêcheurs amorcent-ils leurs *épinoches* avec des goujons et sont-ils toujours sûrs par ce moyen de faire bonne capture.

On appelle *épinoche*, en terme de pêche, de longs cordeaux auxquels sont appendues, à quarante centimètres de distance, de petites ficelles dont l'extrémité est munie d'une épine ; dans cette épine on

[1] On appelle *sentineau* une caisse de bois qui souvent a la forme d'un bateau. Cette caisse est trouée de manière à ce que l'eau puisse toujours se renouveler ; c'est là qu'on dépose le poisson qu'on veut conserver.

accroche par l'ouïe un goujon; l'anguille, qui est très-vorace, se précipite dessus et l'avale, mais l'épine, lui barrant la gorge, elle ne peut se dégager et est prise. Le lendemain matin, lorsque le pêcheur lève les cordeaux qu'il a tendus la nuit, il trouve mortes presque toutes les anguilles qui ont mordu à l'appât.

Le célèbre imprimeur français Charles Estienne, qui vint prendre les grades de docteur à la Faculté de médecine d'Angers en 1520 [1], et qui plus tard, par la bonne éducation qu'il reçut dans la maison paternelle sous la direction de Lascaris, fut choisi par notre compatriote Lazare de Baïf, ambassadeur de François Ier à Venise, puis conseiller au Parlement, pour faire l'éducation de son fils Antoine [2], estimait beaucoup le goujon, et nous apprend que dès la fin du XVe siècle on le servait en pyramide garnie de persil frit. Pendant son séjour en Anjou et au château du Pin, près la Flèche, Estienne étudia beaucoup nos poissons, surtout sous le rapport culinaire; il plaça en première ligne pour la friture le goujon de Loire [3].

Il est un vieux proverbe dont on se sert quand on veut parler d'une personne qu'on a fait tomber dans un piége :

Il est comme le brocheton,
Il avale facilement le *goujon*.

Ce dicton fait allusion à la voracité du brochet qu'on prend à la ligne amorcée d'un goujon.

Le goujon se pêche à la ligne, à la nasse, au carrelet et surtout à l'épervier.

[1] Archives de l'Université d'Angers, faculté de médecine, *contre-lettres des externes*.

[2] Antoine de Baïf qui devint un des meilleurs poëtes de son temps, rappelle comment son père choisit Estienne pour faire son éducation : Mon père, dit-il,

Fut soigneux de prendre
Des maistres le meilleur, pour dès lors m'enseigner
Le grec et le latin, pour y rien épargner,
Charles Estienne, premier disciple de Lascare,
M'apprit à prononcer le langage romain.

[3] En 1540, quand Lazare de Baïf quitta l'Anjou pour aller comme ambassadeur en Italie, Antoine raconte que son père menait en voyage :

Charles Estienne et Ronsard qui sortoit lors de page,
Estienne *medecin* qui bien parlant estoit,
Ronsard, de qui la fleur un beau fruit promettoit.

Le goujon, abondant dans toutes nos rivières, fraye de mai à juin; les œufs sont fixés sur les pierres roulées par le cours des eaux; plus elles sont plates et mieux le goujon aime à y déposer ses œufs. L'incubation dure ordinairement quatre semaines. Le goujon vit en troupe et se nourrit de vers et d'insectes.

Nous avons en Maine-et-Loire un goujon qui diffère du goujon ordinaire par sa taille et ses couleurs plus foncées; nous ne croyons nullement à une espèce nouvelle, c'est une simple variété.

GENRE BARBEAU.

BARBUS (Cuvier).

CARACTÈRES. — Corps couvert d'écailles et allongé; quatre barbillons à la mâchoire supérieure; nageoire dorsale étroite à la base.

BARBEAU COMMUN.

Barbus fluviatilis (Valenciennes), vulgairement *barbillon*.

COLORATION. — Museau pointu, mâchoire supérieure fort avancée, ornée de deux barbillons, et deux plus longs aux angles de la bouche; dos rond de couleur olivâtre; ventre blanc; nageoires rougeâtres, dorsale avec rayons épineux. Il croît vite et arrive souvent à une longueur de soixante-dix centimètres.

Le barbeau se nourrit d'insectes, de vers, de mollusques et de plantes aquatiques. On le voit dans les chaleurs enlever avec son museau la mousse et les conferves qui couvrent les rochers situés au bord des rivages. Au mois de septembre, à l'époque où les habitants des vallées font rouir leurs chanvres, on est sûr de trouver toujours en troupe des barbillons auprès des *tas* mis à l'eau; aussi, presque tous les cultivateurs de ces contrées, qui sont pêcheurs ou plutôt qui ont des licences, sont munis d'un épervier, et lorsqu'ils voient près de leurs chanvres l'eau s'agiter, ils donnent un coup d'épervier et le retirent avec de nombreux barbillons. Le barbeau fraye de mai à juin et dépose ses œufs contre des pierres.

Le barbillon n'est pas voyageur; il ne quitte guère les rivières où il a pris naissance; la Loire, le Loir, le Louet, la Mayenne et la Sarthe, sont les lieux où on le trouve en plus grande quantité.

Le médecin de Charles VIII et de Louis XII, Champier, dit que les barbeaux les plus recherchés de son temps étaient ceux de la Loire et du Rhône ; Charles Estienne vanta beaucoup les barbeaux de la Loire.

Coulon[1] prétend que l'abbaye de Barbeau, fondée par Louis VII, fut ainsi nommée parce que ce prince pêchant dans la Seine, prit un de ces poissons, qui avait dans l'estomac une pierre précieuse.

Il y a un vieux proverbe angevin qui dit, en parlant de gens dont on ne peut tirer aucun parti :

Dans sa personne et dans son ton,
Comme le barbeau, n'a rien de bon,
Ni à rôtir
Ni à bouillir.

La Faculté de médecine d'Angers engageait de servir pendant l'été sur les tables des personnes riches le barbeau en été; c'est à cette époque qu'il est le plus gras. En hiver, le barbeau est maigre, et comme il a beaucoup d'arêtes, la chair est plus difficile à manger.

Quant à ses œufs, défense expresse était faite aux XVIIe et XVIIIe siècles d'en manger ; les cuisiniers avaient soin de les ôter en enlevant les entrailles du barbeau. « Ils excitent, disait dans son cours Berthelot du Paty[2], des douleurs extrêmes dans l'estomac et occasionnent de violents vomissements. » Le barbillon est un poisson très-estimé en Anjou, ou plutôt sur les bords de la Loire.

Il existe à Tours, sur le quai, un hôtel qui autrefois avait une grande réputation ; le chef passait pour maître dans la préparation du barbeau ; aussi, pour attirer les amateurs de ce poisson, le maître d'hôtel avait fait inscrire sur la façade de sa maison cette enseigne affriolante : *Aux trois barbeaux*.

Dans ma jeunesse, je suis descendu à cet hôtel, et il y était d'usage alors de servir, chaque fois qu'on pouvait s'en procurer pour les dîners, un barbillon accommodé à une sauce délicieuse.

Sur les bords de la Loire, nous connaissons plusieurs auberges tenues par des pêcheurs, qui ont pour enseigne : *Au barbillon*.

Au moyen âge, le barbeau, que tout le monde appelle aujour-

[1] Coulon, *Rivières de France*.
[2] Archives de la faculté de médecine d'Angers.

d'hui en Anjou « barbillon, » s'appelait *bar ;* il figure dans les armes du duché de Bar, et dans le blason de René d'Anjou, on trouve deux bars adossés [1].

GENRE TANCHE

TINCA (Cuvier).

CARACTÈRES. — Corps couvert d'une peau épaisse, parsemée de petites écailles ; la bouche est ornée d'un petit barbillon, les nageoires sont arrondies et n'ont pas de rayons osseux.

TANCHE COMMUNE.

Tinca vulgaris (Cuvier).

COLORATION. — Corps large et court, tête et museau assez gros ; la couleur varie selon les eaux qu'elle habite. Le plus souvent la joue est d'un jaune verdâtre, gorge blanche, vert foncé sur le front et sur le dos, collet vert jaunâtre ; ventre blanchâtre, nageoires violettes ; généralement les mâles ont une teinte plus claire.

La tanche vit dans toutes nos rivières, et même on la trouve assez fréquemment dans les petits cours d'eau ; elle se plaît dans les eaux dormantes. Il est des rivières où les tanches ne sont pas bonnes à manger ; ainsi les rivières vaseuses, telles que le Layon. La chair des mâles est préférable à celle des femelles. Ce poisson est très-facile à engraisser, et on peut le faire dans les plus petits réservoirs. Du reste, ce n'est guère qu'à condition que ce poisson soit gras qu'on peut le servir sur la table, accommodé aux fines herbes.

En 1705, les docteurs régents de la Faculté de médecine d'Angers s'en servaient pour calmer l'ardeur de la fièvre [2]. A cet effet, ils appliquaient une tanche soit au poignet du malade, soit à la plante des pieds. On l'employait pour les maux de tête, pour la jaunisse et les maladies d'oreilles. On prétend, parmi les pêcheurs, (c'est un fait à vérifier), que le brochet, dont la voracité est bien connue, ne mange jamais aucune tanche.

[1] René d'Anjou était duc de Bar.
[2] Université d'Angers, faculté de médecine, *verbo* Poissons.

Lorsqu'on veut parler d'une personne silencieuse, on dit vulgairement :

> Le chat lui a coupé la langue,
> Car il est muet comme une tanche.

L'origine de ce proverbe, vient de ce que la tanche se tient constamment au fond de l'eau et ne se montre que très-rarement à la surface. On ne la voit point non plus comme la carpe et autres poissons, faire des bonds, nager avec bruit. C'est un des poissons les plus tranquilles que l'on connaisse, et il est difficile de s'apercevoir de sa présence dans un étang ou une rivière.

La tanche fraye de mai à juin ; l'incubation ne dure jamais plus d'une semaine, quelquefois moins. Elle fixe ses œufs aux herbes qui bordent les rivières et les étangs où elle se trouve ; c'est de préférence aux carex qu'elle attache ses pontes ; ses œufs, très-petits, sont toujours en grand nombre ; elle se nourrit de mollusques, de vers, d'insectes, et surtout de boue, où elle trouve des débris organiques, c'est ce qui fait que dans tous les réservoirs on peut conserver des tanches sans être obligé de les nourrir. La tanche se pêche à l'aveneau, au carrelet, à l'épervier, à la seine, à la ligne, à la trouble, etc.

En l'église de Mûrs, canton des Ponts-de-Cé, on voyait une statue de sainte Tanche, aux pieds de laquelle on venait de fort loin prier aux XVIIe et XVIIIe siècles. Les pèlerins déposaient sur son autel, si c'étaient des cultivateurs, un poids de lin ou de chanvre ; les moins riches, une *quenouillée*. Ces offrandes étaient la rémunération du prêtre, qui disait un évangile en présence des pèlerins. Chaque fois qu'un pêcheur venait en pèlerinage à l'autel Sainte-Tanche, il y déposait un filet, dans lequel ne se trouvaient que des tanches qui ne tardaient point à figurer sur la table du curé [1]. Je ne sais si dans l'église de Mûrs la piété pour sainte Tanche est moins grande ; mais ce que je sais, c'est qu'on a trouvé sa statue, œuvre de Leysner, indigne d'entrer dans la nouvelle église construite il y a quelques années, et pourtant cette statue était un chef-d'œuvre, auprès de celles qui *ornent* les autels de cette église.

[1] Notes de l'abbé Bodin, curé de Mûrs.

GENRE CARPE.

CYPRINUS (Linné).

Les espèces de ce genre se font connaître par leur nageoire dorsale, qui est longue et à rayon épineux, tandis que la caudale est courte, par leurs grandes écailles et par quatre barbillons à la mâchoire supérieure.

CARPE COMMUNE.

Cyprinus carpio (Linné).

COLORATION. — Ce poisson que tout le monde connaît, n'offre pas toujours les mêmes couleurs; ordinairement le front et les joues présentent une teinte bleu foncé, tandis que le dessus du dos est bleu verdâtre; de petits points noirs forment une ligne latérale; du jaune mêlé de bleu et de noir règne sur plusieurs parties du corps.

La carpe fraye en avril et mai. Ses pontes sont toujours fécondées par deux ou trois mâles : c'est un fait dont je me suis assuré.

La carpe vit vieille. Sans croire à l'antiquité des carpes de Fontainebleau et de Chantilly, qui remonteraient à François Ier et au grand Condé, je connais des étangs où se trouvent des carpes centenaires.

La carpe est sans contredit le poisson qui multiplie le plus dans nos rivières : il est des années où on pêche en abondance les petits, qu'on appelle *carpeaux*.

> Un *carpeau* qui n'était encore que fretin
> Fut pris par un pêcheur au bord d'une rivière,

dit le bon La Fontaine ;

ou bien carpillons :

> . . . . . Les eaux se retirèrent,
> Et les *carpillons* demeurèrent.
> Bientôt ils furent pris
> Et frits.
>
> (DE FLORIAN.)

Marchant en troupe, ce n'est que lorsque le carpeau est devenu carpe qu'il vit à l'état isolé.

Le nom de carpe a été donné par nos horticulteurs aux plates-bandes, où la terre accumulée forme une ressemblance avec le dos de la carpe. Les jardiniers, lorsqu'ils préparent la terre de cette façon, disent qu'ils la mettent en *dos de carpe*.

Il est un vieux proverbe dont on se sert quand une personne se trouve mal :

> Celui-là est bien mal
> Qui *pâme* comme la carpe.

Notre compatriote Ménage fait dériver le mot carpe de *carpa*, qui se trouve avec cette signification dans Cassiodore. On croirait peut-être, à cause de la ressemblance des noms, que ce mot vient du latin *carpio*, qui est un poisson qu'on trouve dans un lac d'Italie ; mais il est tout différent : les Grecs appellent la carpe κυπρῖνος, les Latins *cyprinus*.

Dans les étangs, il est bien facile d'apprivoiser la carpe. Ce poisson a la vie très-dure : on peut le transporter fort loin sur de la paille mouillée.

La carpe se nourrit d'herbe, de vase, où elle trouve des substances organiques. « En trois ans, dit Champier, elle devient grande d'un pied entre œil et fourche, ou entre œil et bat. A six ans elle pèse trois livres ; à dix ans, de six à huit. » Le même auteur met avant toute autre carpe celle qui vit dans les eaux de la Loire.

Le célèbre cuisinier de Charles VII, Taillevent, s'était fait une réputation dans l'art d'accommoder la carpe.

Sous Louis XIV, époque où le poivre faisait invasion partout, comme l'a dit Boileau :

> Pour moi, j'aime surtout que le poivre y domine ;
> J'en suis fourni, Dieu sait, et j'ai tout Pelletier
> Roulé dans mon office en cornets de papier,

on mangeait la carpe bouillie, saupoudrée de poivre. C'était assurément un mets fort épicé, mais qui était loin de valoir celui que de nos jours on appelle « carpe à la Chambord. »

On trouve quelquefois dans la Loire une carpe qui a le front bombé, le museau très-court, et qui ressemble à une des figures en bronze de dauphins qui ornent nos fontaines. Ce n'est point une espèce, c'est une monstruosité que les pêcheurs appellent *carpe-dauphin*.

La carpe est un poisson difficile à prendre. Le moindre bruit l'effraie. Elle se cache dans des trous ou dans la boue. Le filet du pêcheur glisse sur elle sans l'atteindre. Si la carpe est prise à la seine, elle fait de tels bonds qu'elle saute par-dessus les mailles et gagne ainsi le lit de la rivière. Ce sont ces sauts que fait souvent la carpe à la surface de l'eau qui ont servi de modèle aux baladins, pour exécuter certain tour de force qu'ils appellent *saut de carpe*.

La carpe prise à la ligne se débat vigoureusement, et souvent rompt la ligne du pêcheur.

Un angevin, le *Solitaire inventif*, dans son curieux et très-rare ouvrage sur la pêche des poissons (1660), lui consacre un chapitre intitulé : *De la manière qu'il faut piquer la carpe et la tirer hors de l'eau et de la disposition du lieu.*

« Le lieu, dit notre compatriote, où on veut pescher des carpes a la ligne, doit être profond et bien uni, sans pierres, bois ni herbes dans le fond, afin que les carpes y puissent voir et prendre l'appât.

« Il faut aussi prendre garde qu'il y ait un endroit propre pour les aborder, quand elles sont piquées, c'est-à-dire que le bord de la terre et l'eau soient de même hauteur, ou pour le mieux en douce pente, comme serait un abreuvoir où vont boire les bestiaux, autrement on en manquerait plus qu'on n'en prendrait.

« Si par hasard le lieu où vous voulez pescher est trop plein d'herbiers, ou de pierres, ou de bois, on y peut laisser tomber au fond de l'eau une vieille porte percée et qui vous fait un fond propre ; mais avant que d'y pescher, il sera à propos d'appaster quatre ou cinq jours de suite soir et matin, y jettant quatre ou cinq poignées de febves cuites, pendant six ou huit jours. Avant de faire cuire les febves, il faudra, pendant huit heures, les placer dans de l'eau tiède ; puis quand elles auront bouilli jusqu'à estre près demy cuites, mettez dedans trois ou quatre onces de miel, selon la quantité de febves, et deux ou trois grains de musc ; laissez-les après demy cuite, puis les retirez du feu pour vous en servir le soir et le matin, comme sur les six heures.

« La veille qu'on voudra pescher, on appastera avec des febves purgatives cuites avec de l'aloës, réservant les plus grosses pour pescher. Soyez sur le lieu deux heures devant le soleil couché ou au matin au soleil levant ; déployez votre ligne et l'ajustez, lui donnant assez de fond pour qu'elle soit couchée sur le sable d'un pied de long proche l'appât, puis faites entrer la pointe de l'hameçon dans la febve, et le coulez doucement dedans jusqu'à ce qu'il soit tout à fait caché et que la pointe perce tant soit peu l'écorce pour sortir : cela fait, jetez l'appât avec la ligne dans l'eau, et vous assoyez sans faire de bruit ni remuer ; et lorsque vous voirez que votre liége s'en ira tout d'un coup à fond, tirez-le en haut pour piquer la carpe, laquelle se sentant prise à l'hameçon se tourmentera ; il faudra en ce cas lâcher peu à peu la ligne et la laisser promener de côté et d'autres. Tant que vous voyez qu'elle soit lasse et qu'elle manque de force ; pour lors vous l'aborderez, vous couchant sur le ventre, ou vous tenant à genoux, afin que lorsqu'elle sera proche du bord, vous lui mettiez le doigt dans la gueule pour la tirer sur terre. Ne l'enlevez pas d'un seul coup sur la terre, de crainte qu'elle n'échappe, car il arrive souvent qu'on la perd lorsqu'on veut la tirer sur la terre. »

Voici le jugement porté sur la carpe par le docteur François-Jean Delaunay, dans son cours d'hygiène, à la Faculté de médecine d'Angers, en 1787[1] :

« La chair de la carpe étant naturellement assez molle et chargée d'humidités phlegmatiques, ce poisson ne doit point être choisi jeune, parce que, à mesure qu'il avance en âge, ses humidités trop abondantes se dissipent, par la fermentation continuelle de ses humeurs, et sa chair devient plus ferme, d'un meilleur goût et plus salutaire ; aussi estime-t-on beaucoup ces belles et grosses carpes qui sont assez vieilles et d'une couleur jaunâtre.

« On fait encore plus de cas de la carpe mâle que de la femelle, parce que la chair est plus ferme et d'un meilleur goût. Enfin, le temps de l'année où l'on prétend que les carpes sont plus excellentes est dans les mois de mars, de mai et de juin, à cause des aliments dont elles se servent pour lors, et qui ont plus de force. »

[1] Archives de l'Université d'Angers, Faculté de médecine.

Jadis, le jour du mercredi des Cendres, les gastronomes, saturés des dîners *carnavalesques*, se rendaient aux Ponts-de-Cé, afin de manger la fine *matelote*. La matelote, dont le nom indique qu'elle doit son origine aux matelots, ou plutôt aux mariniers de la Loire, passés maîtres dans l'art d'accommoder le poisson, est un plat où la carpe avec l'anguille jouent un grand rôle. L'auberge des *Trois-Marchands* était renommée pour ses matelotes. Cet usage aujourd'hui est passé. Le mercredi des Cendres, la foule se porte toujours vers la ville des Ponts-de-Cé, mais c'est afin d'entrer dans les cabarets et y continuer les libations commencées souvent depuis le dimanche, sans se préoccuper beaucoup de la fameuse *matelote*.

La carpe est un de nos poissons les plus sensibles au froid, et qui périt le plus sous les glaces. Pendant l'hiver de 1867, il en a péri une énorme quantité dans les rivières et les étangs.

La carpe au moyen âge était très-commune dans les rivières de France, le *Solitaire inventif* nous apprend que dans un festin donné par la ville de Reims à l'occasion du sacre de Philippe de Valois et de Jeanne de Bourgogne, il fut servi deux mille six cent dix-neuf carpes.

CYPRINOSIS DORÉ.

Cyprinosis auratus (Linné) ; vulgairement *poisson rouge*.

Coloration. — Corps rouge doré ; on en voit quelquefois qui ont le corps blanc argenté, ou tapissé de rouge d'or et de noirâtre, ce qui arrive quand ils sont jeunes Ils varient par la dimension des nageoires qui sont ou plus grandes ou plus petites. Les yeux sont très-gonflés.

Le *poisson rouge* est connu de tout le monde ; il fait l'ornement des bassins et des *aquariums ;* on l'apprivoise facilement et on l'habitue à un signal donné, un coup de sifflet par exemple, à venir chercher sa nourriture. Le poisson rouge est originaire de la Chine. Il se multiplie très-bien dans nos pays, mais il ne faut pas le mettre dans une pièce d'eau avec des carpes, car on est sûr de voir son espèce complétement dégénérer.

Sous Louis XV, le poisson rouge était très en vogue. Les premiers qu'on ait vus en France y avaient été apportés pour la marquise de Pompadour. La mode du poisson rouge, dont on était engoué à Paris, se répandit bientôt en province ; ce fut un Brissac qui introduisit, de la capitale en Anjou, le charmant *cyprinosis* doré, que toutes les belles dames miraient dans des vases de cristal et qui fit l'ornement de leurs élégants boudoirs [1].

GENRE BRÊME.

ABRAMIS (Cuvier).

CARACTÈRES. — Corps comprimé et élevé ; nageoire anale longue, nageoire dorsale courte, nageoire caudale échancrée ; écailles striées, larges et courtes ; tels sont les signes distinctifs de ce genre.

BRÊME COMMUNE.

Abramis brama (Valenciennes).

COLORATION. — Dos carné, noirâtre, joues d'un bleu qui est varié de jaune. Côtés mêlés de blanc et de noir ; nageoires d'un violet noirâtre.

La brême a la vie très-dure ; on peut facilement comme la carpe, la transporter pendant plusieurs heures, si on la place sur de la paille mouillée. Autrefois, la brême était recherchée ; elle figurait dans les grands repas.

Si tu as breme en ton etang,
Ami, pour sûr, tu renderas content.

Ce proverbe, aujourd'hui, est tombé en désuétude. La brême est très-peu estimée, à cause de ses nombreuses arêtes. Le peuple même n'en fait guère usage : il prétend que ce poisson est trop *boisu* [2]. La brême voyage par troupes nombreuses, en faisant beaucoup de bruit. Il arrive des moments où les pêcheurs en prennent à foison à la seine. Au XVIIe siècle, il se faisait un commerce assez considérable de brêmes, que l'on expédiait pour Paris. Dans une ordonnance de 1314, il était défendu de pêcher les brêmes si elles

[1] Notes d'Hucheloup des Roches.

[2] Le mot *boisu* employé par le peuple signifie beaucoup de bois. On se sert vulgairement du mot bois pour désigner les arêtes des poissons.

n'avaient pas cinq pouces de long. La pêche en était prohibée depuis le 15 avril jusqu'au 15 mai.

La brême se nourrit d'herbes, de conferves, de vase, de mollusques et d'insectes. On en prend beaucoup à la ligne, amorcée d'un asticot, ainsi qu'avec la sauterelle et la mouche. Elle fraye au milieu des herbes qui bordent les rivières. Sa ponte a lieu de mai à juin. Sa plus grande longueur est de soixante-cinq centimètres et son poids varie de trois à cinq kilogrammes.

BRÊME DE BUGGENHAGEN.

Abramis Buggenhagii (Blan), vulgairement *l'omblais*.

COLORATION. — Dos brun, à reflets bleus, parties inférieures argentées; tête brune, nageoire noirâtre, la nageoire dorsale à dix rayons, elle est moins courte que dans l'espèce précédente; quant à l'anale, j'ai compté jusqu'à dix-sept rayons. Taille $0^m,20$ à $0^m,35$.

Elle fraye d'avril à mai; elle est indiquée comme très-rare en France[1]. Ses mœurs sont les mêmes que celles de la brême commune. On m'a dit l'avoir pêchée dans la Mayenne; je n'ai constaté sa présence que dans la Sarthe.

BLICKES BLICCA (Heckel).

Sous ce nom, on désigne les brêmes dont les dents pharyngiennes crochues sont disposées sur deux rangs : un interne formé de deux dents, l'autre externe, composé de cinq dents.

BRÊME BORDELIÈRE.

Abramis bjœrkna (Blan), vulgairement *petite brême*, *le sans-nom*.

COLORATION. — Ce poisson a pour caractère spécial vingt-quatre rayons à la nageoire anale; le corps large et mince; le dos très-arqué et bleuâtre; le ventre est plus clair; les caudale et anale rougeâtres, comme chez la perche; dorsale et pectorale brunes, teintées de bleu. Taille de 16 à 20 centimètres.

Le nom de bordelière, donné à ce poisson, vient de ce qu'il nage

[1] Emile Blanchard, *Les poissons d'eau douce de la France*, page 358.

par troupes, pendant l'été, très-près du bord des rivières. Ce proverbe :

Quand la bordelière est au bord,
Jette l'ancre, ou tu as tort,

usité parmi les mariniers de la Loire, donne parfaitement la signification du mot.

Nos pêcheurs l'appellent le *sans-nom*, parce qu'ils prétendent que ce poisson ne ressemble ni à la brême ni au gardon. On a remarqué que lorsque cette espèce est tirée de l'eau et jetée sur le rivage, il sort tout de suite du sang par ses écailles.

La bordelière multiplie extraordinairement; on croit que la femelle porte cent huit mille œufs, et que jamais ses œufs, déposés sur les herbes qui bordent le rivage, ne sont mangés par aucun poisson. Elle dépose ses œufs à trois fois, et met entre chaque ponte un intervalle de neuf jours. Sa chair est blanche, peu ferme et remplie d'arêtes. Les pêcheurs se servent des jeunes bordelières pour pêcher au vif.

BRÊME. — ROSSE.

Abramis, abramo-rutilus (Holandre), vulgairement *la virvolle.*

COLORATION. — Couleur olivâtre ; parties inférieures argentées ; nageoires dorsale, anale et pectorales orange ; tête courte ; œil grand ; museau gonflé ; dos élevé. Taille de $0^m,10$ à $0^m,20$.

Ce poisson, qu'on a pris bien à tort pour le *cyprinus ballerus*, de Linné, avec lequel il n'a aucun rapport, n'est point non plus un hybride de la brême bordelière et est très-distinct de cette espèce. Il fraye d'avril à mai. Ce poisson est très-rare en France [1]. Il n'a encore été trouvé en Anjou que dans la Mayenne. Nos pêcheurs l'appellent *virvolle;* c'est un vieux terme de pêche. On dit que le poisson virvolle quand il fait des bonds à la surface de l'eau:

Sûr tu es de pêcher,
Quand tu vois le poisson *virvoler.*

On prétend que lorsque le poisson *virvole*, il est malade.

[1] Emile Blanchard, *Les poissons d'eau douce de la France*, page 362.

GENRE ABLETTE.

ALBURNUS (Rondelet).

CARACTÈRES. — Les poissons qui forment ce genre, et que nos pêcheurs appellent *poissons blancs*, se distinguent par leur corps effilé et leurs écailles d'une blancheur éclatante. Leur nageoire dorsale est courte et leur anale longue.

ABLETTE COMMUNE.

Alburnus lucidus (Heckel).

COLORATION. — Le blanc d'argent qui domine tout le corps, est parsemé d'une couleur verte; chez le mâle, la ligne dorsale est presque droite, tandis qu'elle est arquée chez la femelle. Corps couvert d'écailles très-minces.

L'ablette se trouve partout; elle nage en troupe et presqu'à la surface de l'eau; elle fuit avec une très-grande agilité; c'est un de nos poissons les plus lestes :

L'ablette argentine
A fuir est très-maligne,

disent nos pêcheurs. Il n'y a guère que la classe pauvre qui mange aujourd'hui l'ablette. Autrefois ce petit poisson figurait sur la table des grands; le roi René en faisait son régal, et nos lecteurs n'ont point oublié la *platée d'ablettes* dont nous avons parlé dans notre chapitre sur la pêche.

On sait que les écailles de ce poisson fournissent le produit connu dans l'industrie sous le nom d'*essence d'Orient*.

L'ablette fraye en mai; elle se nourrit de vers, de mollusques et de substances végétales. Nos pêcheurs s'en servent comme appât pour l'anguille et le brochet. On la pêche avec un petit filet qu'on appelle *ableret*, et à la ligne avec des mouches.

ABLETTE SPIRLIN.

Alburnus bipunctatus (Heckel), vulgairement l'*éperlan de la Seine*.

COLORATION. — Moins effilé que l'ablette commune, le *spirlin* s'en distingue par la tête courte, la longue nageoire anale, par ses écailles minces, très-éclatantes, au nombre de cinquante, dans toute la longueur du corps.

Le spirlin se nourrit moins de substances végétales que l'ablette commune ; il est très-abondant dans le Layon. Il est difficile, dans les chaleurs, de donner un coup de carrelet sans en prendre. Son plus grand ennemi est le martin pêcheur. Il fraye de mai à juin.

Je n'ai jamais pu savoir pourquoi on appelle le spirlin *l'éperlan de la Seine*. Ce poisson n'a aucun rapport avec l'éperlan, qui appartient à la famille des *salmonides*. Le spirlin ne peut vivre que dans l'eau courante ; il meurt tout de suite quand il est hors de l'eau et ne se conserve pas. Il ne dépasse jamais quinze centimètres de longueur.

GENRE ROTENGLE.

SCARDINIUS (Ch. Bonaparte).

CARACTÈRES. — Corps élevé, latéralement comprimé ; nageoires courtes.

LA ROTENGLE COMMUNE.

Scardinius erythropthalmus (Heckel), vulgairement la *rosse*, la *rousse*, la *rossette*, *gardon rouge*.

COLORATION. — Ce poisson est remarquable par les vives couleurs de son corps, qui sont d'un blanc d'argent, sauf le dos et la partie supérieure de la tête qui sont d'un brun verdâtre, ainsi que la nageoire dorsale ; quant aux nageoires inférieures, elles sont d'un rouge splendide.

La rotengle est extrêmement commune dans toutes nos rivières ; je l'ai pêchée en abondance au mois de septembre 1868, dans la petite rivière d'Aubance ; je suis extrêmement étonné d'être le premier à donner en Anjou la description de ce poisson, qui est un des plus abondants de nos cours d'eau. La rotengle fraye d'avril à mai et se nourrit de substances végétales et animales. Les pêcheurs la prennent à la ligne avec des mouches ou avec du blé bouilli [1]. Ce poisson a la vie dure et peut facilement être transporté vivant.

[1] On trouve à Angers, chez les marchands d'instruments de pêche, du blé bouilli prêt à être mis à la ligne ; cela se vend concurremment avec le fameux asticot.

GENRE GARDON.

LEUCISCUS (Rondelet).

CARACTÈRES. — Corps large ; nageoire dorsale longue ; dents pharyngiennes au nombre de six des deux côtés, quelquefois cinq sont disposées sur un seul rang.

GARDON COMMUN.

Leuciscus rutilus (Yarrell), vulgairement *gardon de Loire, gardon carpé.*

COLORATION. — Dos d'un noir verdâtre ; côtés argentins ; ventre rougeâtre ; ligne latérale marquée de trente-six points ; écailles larges ; iris des yeux et nageoires rouges. Le corps est comprimé ; il parvient à une longueur d'environ 74 centimètres.

La fraîcheur de ce poisson a donné naissance à un proverbe. Lorsqu'on veut parler d'une personne bien portante (ceci s'applique aux jeunes gens), on dit :

Le beau garçon
Frais comme un gardon.

Le gardon de fond multiplie beaucoup ; son nom vient de ce qu'il se tient constamment au fond de l'eau. On avait prétendu, et bien à tort, que ce poisson n'était qu'une variété du gardon commun.

« On distingue, dit M. Pierre Millet, par l'épithète de gardon de fond, les grands individus de cette espèce, qui se tiennent en effet presque toujours au fond des cours d'eau. » Ceci est une erreur. Le gardon de fond, qu'il soit grand, qu'il soit petit, à l'état de frai, se tient constamment au fond de l'eau. Je n'avais pas besoin d'une expérience concluante afin de m'en convaincre ; je n'avais qu'à ouvrir les travaux récents sur nos poissons d'eau douce, entre autres le bel ouvrage de M. de la Blanchère, *Nouveau dictionnaire général des pêches,* pour me donner la certitude de ce qui ne fait aucun doute aux pêcheurs, que le gardon de fond, *leuciscus rutilus*, est une belle et bonne espèce qui est excellente lorsqu'elle est frite, mais il faut qu'elle soit grasse.

Au printemps on trouve beaucoup de gardons de fond dans nos petits cours d'eau ; généralement ce sont les mâles qui, après avoir fécondé les pontes des femelles, émigrent dans des rivières moins importantes que celles où elles passent l'hiver.

LE PETIT GARDON.

Leuciscus rutiloïdes (Selys-Longchamps).

Coloration. — Nageoires inférieures jaunâtres ; tête un tiers plus petite que celle du gardon commun.

Ce gardon est considéré par quelques auteurs comme une variété. Nous le regardons comme une espèce très-distincte et à laquelle il est difficile de se méprendre. Il marche par troupes ; on ne le rencontre jamais avec les autres gardons.

LE GARDON PALE.

Leuciscus pallens (Blan.)

Coloration. — Cette espèce, très-voisine du gardon commun, en diffère en ce qu'elle est plus oblongue ; la couleur de son corps est argent jaunâtre ; le dos est argenté.

Il atteint la taille de $0^m,45$ à $0^m,80$. Il est très-abondant dans toutes nos rivières.

GENRE CHEVAINE.

squalius (Bonaparte).

Caractères. — Corps élancé ; nageoires dorsale et anale courtes ; dents pharyngiennes comprimées et terminées en crochet, disposées sur deux rangs : l'un compte deux dents et l'autre cinq.

LA CHEVAINE COMMUNE.

Squalius cephalus (Blan), vulgairement *cheval, chevanneau, chabuisseau.*

Coloration. — Museau arrondi ; corps gros et robuste ; écailles grandes ; dos bleu ; ventre argentin ; ligne latérale droite, marquée de points jaunes ; les mâchoires ont deux rangées de dents.

Le nom de *meunier*, donné à ce poisson, vient de ce qu'on le rencontre très-fréquemment aux portes des moulins :

Farinier n'est jamais pris par la faim
Quand il a le *meunier* au moulin.

Le nom de *cheval* est un dérivatif de chevaine; quant au mot chabuisseau, il vient de la configuration de la tête de ce poisson, qui, à ce qu'on prétend, a la forme d'un seau, ce que je n'ai jamais pu vérifier. La chevaine est très-commune partout; sa chair, très-blanche, peu estimée, est d'un goût fade. Sa longueur est de cinquante à soixante-cinq centimètres, et son poids de deux à cinq kilogrammes ; c'est seulement quand elle arrive à cette grosseur qu'elle est passable à manger. Ce poisson vit de vers, de mollusques et d'insectes; il est très-friand du frai et en détruit beaucoup; il fraye au mois d'avril et dépose ses pontes sur les pierres qui sont nombreuses. Les frères Gazeau ont compté à une femelle 98,000 œufs.

Les jeunes chevaines qui ont les couleurs plus pâles que la chevaine sont vulgairement appelées chevanneau.

On pêche la chevaine avec un grain de raisin; c'est le meilleur appât pour la prendre.

LA VANDOISE COMMUNE.

Squalius leuciscus (Heckel), vulgairement le *dard.*

COLORATION. — Dos rond, brun ; ventre blanc argenté ; nageoires grises, la caudale et la dorsale marquées de noirâtre, un peu de rougeâtre sur les autres ; le corps est étroit ; le museau un peu proéminent ; rarement elle atteint plus de 34 centimètres de longueur.

La vandoise fraye plus tôt que les autres poissons; ainsi elle commence ses pontes au mois de mars et les finit en avril. Elle dépose ses œufs sur des graviers.

La vandoise est très-friande d'insectes ; aussi en prend-on beaucoup en faisant courir au fil de l'eau une ligne volante, à l'hameçon de laquelle est une mouche.

La vandoise est vulgairement appelée dard. « Le dard, dit le *Dictionnaire de Trévoux*, est un petit poisson de rivière qui est blanc, et de la longueur d'un hareng, qui va fort vite dans l'eau et est fort sain. »

On dit en parlant d'une personne bien portante :

Heureux gaillard,
Sain comme un dard;

ou bien encore :

Gras comme un lard,
Frais comme un dard.

Le nom de dard, appliqué à la vandoise, vient de ce que ce poisson, d'une extrême agilité, s'élance comme un dard[1]. La chair de ce poisson est légère et d'une digestion facile, mais elle est si pourvue d'arêtes qu'on éprouve beaucoup de difficultés en la mangeant.

Aux dards qui groulent[2], aux dards !
A la vive, aux dards, à la vive !

tel est le cri par lequel les marchandes de vandoises et de sardines du port Ligny annoncent leur présence dans nos rues. Le dard se vend, lorsqu'il est abondant, en même temps que les sardines; mais autrefois il se vendait dans les rues avec un autre poisson, qui a disparu aujourd'hui de nos marchés : nous voulons parler du premier poisson de mer qui figura dans la poissonnerie d'Angers, c'est à dire la vive, qui a donné naissance à ce cri :

A la vive, aux dards, à la vive !

La vive, *Trachinus draco* (Linné), et ses variétés, est un poisson de l'Océan; sa chair est blanche, ferme, feuilletée, sèche, d'une saveur excellente et très-bonne pour les convalescents, qui la trouvent de facile digestion. Pline appelle ce poisson dragon de mer; sa pêche n'a pas lieu sans danger; la vive, avec les piquants de la

[1] Le mot dard, peu en usage de nos jours, signifie javelot; on disait autrefois lancer un dard.

Mars nous apprend l'usage
Des flèches et des *dards*,
La victoire est son ouvrage,
Il a formé des Césars. (DUCERCEAU.)

[2] Grouler est un vieux mot qui signifie remuer ; le dard a la vie très-dure, et souvent, quand il est mis sur le feu dans la poêle, bien qu'il soit *échardé*, c'est-à-dire vidé, il fait de tels bonds que quelquefois il va sauter dans les cendres.

première nageoire dorsale, fait des blessures très-dangereuses; les piqûres occasionnées par ses aiguillons étaient tellement redoutées qu'il existait à Angers un règlement de police défendant aux poissonnières du port Ligny de vendre de la vive avec ses dards.

L'usage de manger de la vive a disparu peu à peu; la vive fut détrônée par la sardine. Le *dard* seul, parmi la classe ouvrière, a conservé son ancienne renommée; mais l'écaillère du port, fidèle aux traditions, répète ce qu'elle a entendu crier à sa mère, laquelle tenait le même cri de la bouche de sa grand'mère; aussi, d'ici longtemps, nos poissonnières crieront encore, en parcourant nos rues avec leurs paniers de dards et de sardines :

> Aux dards qui groulent, aux dards !
> A la vive, aux dards, à la vive !

GENRE VAIRON.

PHOXIMUS (Agassiz).

CARACTÈRES. — Le genre vairon se distingue de tous les autres genres dont nous avons parlé par la finesse de ses écailles.

VAIRON COMMUN.

Phoxinus lævis (Selys-Lonchamps).

COLORATION. — Dessus et côtés d'un noir bleu, dorsale et l'opercule blancs; ventre de cette couleur; pectorales rouges; de très-petits points sur les côtés du corps, avec des grains blancs sur la tête. Iris couleur d'or au temps du frai; passé ce moment les petits points rouges disparaissent ainsi que les grains blancs de la tête. Les couleurs de ce poisson sont tellement variées qu'il est difficile de rencontrer plusieurs individus qui se ressemblent.

Ménage fait dériver le mot vairon du mot latin *varius*, à cause de la diversité de ses couleurs. Le mot vairon ne prend point un *e*, et ceux qui l'écrivent ainsi n'en connaissent pas sans doute l'étymologie.

La petitesse du vairon a fait dire :

> Mieux vaut un goujon
> Que manger dix vairons.

Le vairon recherche les eaux limpides dont le fond est tapissé de graviers ; il nage avec grâce et se rapproche souvent des bords. Malgré leur petitesse, les vairons sont très-voraces ; ils ne sont pas craintifs et on s'en approche facilement ; dès qu'on leur jette la moindre chose ils se précipitent dessus ; j'en ai vu avaler du papier roulé en petites boules. Tous nos petits ruisseaux sont peuplés de vairons ; on les rencontre toujours en troupes nombreuses. Le vairon fraye au mois de juin. Il est très-bon frit et recherché des gastronomes qui vont eux-mêmes le pêcher. On ne le voit jamais dans nos marchés.

Le vairon a la vie très-dure et se conserve longtemps dans les *aquariums*. J'en ai eu dans un bocal en verre pendant plusieurs années ; je les nourrissais avec du pain.

GENRE SAUMON.

CARACTÈRES. — Aux deux mâchoires, dents nombreuses, fortes et pointues, écailles ovales et petites et comme chez tous les autres salmonidées une dorsale adipeuse.

SAUMON COMMUN.

Salmo (Salar).

COLORATION. — Corps allongé, de couleur bleue, ardoisée au-dessus de la ligne latérale, fondue dans le blanc argenté de toutes les parties inférieures ; des nuances variées se reflétent sur tout le corps. La nageoire dorsale présente douze à quinze rayons : les quatre premiers sont simples, les autres sont crochus ; la caudale est courte et échancrée ; le dos, épais, est parsemé de quelques taches noires ; l'œil est petit, le museau pointu, les deux mâchoires presqu'égales, la supérieure, cependant, recouvre l'inférieure ; des dents aiguës hérissent les intermaxilliaires, les maxillaires, les palatins ; la mandibule inférieure, la langue et le chevron du vomer ; le corps du vomer n'a aucune dent.

Le saumon est un poisson de mer, mais nous devons le considérer comme un poisson habitant notre beau fleuve de Loire, et, d'après les anciens auteurs, les saumons de la Loire ont été de tout temps les plus estimés de la France.

Dans le livre des proverbes nous lisons :

> Brochets de Châlons,
> De Loire les saumons.

Nos pêcheurs divisent les saumons de Loire en quatre catégories :

1° Saumon de printemps. Ce sont les saumons qui arrivent au mois de février pour frayer ; on en pêche en grande quantité aux Ponts-de-Cé dans les mois de février, mars et avril.

2° Les saumons dits magdelaineaux, saumons de la Madeleine, saumons d'été.

3° Saumons d'automne, ou *bécards*. On donne le nom de *bécard* aux saumons qu'on pêche à l'automne, parce que généralement on rencontre à cette époque, en Loire, beaucoup plus de mâles que de femelles ; la mâchoire terminée en crochet est un signe caractéristique du mâle, qu'on appelle *bécard*, ou saumon à bec crochu.

Ces saumons sont les moins estimés, parce qu'ils sont fort maigres.

Dans le cours du XIIIe siècle, le bécard était distingué d'avec le saumon ; ce qui est établi par un passage d'Albert le Grand où il dit que l'*exox* est le même poisson que les Allemands appellent *lassen*. Ce poisson, ajoute l'auteur que nous venons de citer, a la forme et la couleur du saumon ; il n'en diffère selon lui que par la mâchoire inférieure qui se relève en crochet à peu près comme le bec d'un aigle, se courbe dans le sens contraire, cette mâchoire n'est pas plus longue que la supérieure et vient se terminer ou s'emboiter dans une cavité pratiquée dans cette dernière.

4° Saumons d'hiver.

Parmi les règlements que les pêcheurs devaient observer, il en est un [1] qui les obligeait, quand un roi ou une reine venait à Angers, à offrir au roi la tête d'un saumon et à la reine la queue.

Les saumons font un voyage annuel de la Loire à la mer, *et vice versâ*. Ainsi, au mois de février, quand le saumon a frayé, il semble épuisé ; son corps se couvre de taches rouges ; il nage avec peine et se laisse facilement prendre ; c'est à ce moment qu'il sent

[1] Statuts de la corporation des pêcheurs d'Angers.

le besoin de se refaire; c'est alors qu'il retourne à la mer, mais il n'y reste pas longtemps.

Les femelles précèdent dans la Loire toujours les mâles. Le saumon fraye dans le mois de décembre; les femelles font des espèces de trous où elles déposent leurs pontes; l'incubation, d'après l'observation des pêcheurs, serait de cent jours; les petits saumons sont appelés saumoneaux. Le saumon de Loire atteint une longueur de quatre-vingts à quatre-vingt-quinze centimètres. Lorsque les saumons sont communs, les poissardes parcourent les rues en criant :

Saumons ! saumons !

Mais jamais elles n'en vendent en entier dans les rues, c'est par tranches. On pique avec une épingle la longueur qu'on veut acheter, c'est ce qu'on appelle vulgairement « vendre le saumon à l'épingle. » C'est ordinairement à l'automne que se fait cette vente; ce sont généralement des *bécards*, dont la chair est fade, huileuse et cotonneuse; cela ne vaut pas les bons saumons d'hiver préparés à la sauce aux câpres.

C'est la hure et le ventre, dit Champier, qu'il faut manger dans le saumon; dans le barbeau, le museau; dans la carpe et la tanche, la langue. Le même Champier raconte qu'un certain gourmand, nommé Verdelet, fit pêcher dans les étangs de la maison de Bourbon trois mille carpes pour se procurer ce morceau délicat; il fut pendu en punition; le peuple fit alors beaucoup de chansons sur lui.

Pline prétend que les rivières de la Gaule abondaient en saumons.

« Le saumon, disait le docteur Delaunay en 1787, dans son cours à la Faculté de médecine d'Angers, doit toujours être gras, d'une chair tendre et rougeâtre; il fortifie, nourrit beaucoup; il est pectoral et résolutif. Quand il est vieux, il se digère un peu difficilement et pèse sur l'estomac. »

GENRE TRUITE.

TRUITA (Nilsson).

CARACTÈRES. — La truite a de grandes affinités avec le saumon. Un des principaux caractères qui la font distinguer de ce dernier, c'est l'opercule, coupé droit en arrière et complétement dépourvu de stries.

Les truites de tout temps ont été considérées comme un excellent poisson ; c'était autrefois un mets de prince. Sully rapporte qu'en 1600, accompagnant comme grand-maître de l'artillerie le roi Henry au siége de la Charbonnière, le roi lui envoya pour sa table un pâté de truites qu'il avait reçu de Genève. La réputation de ce poisson est très-ancienne, il en est question dans Grégoire de Tours. La truite, disaient les docteurs régents d'Angers, se digère facilement, contient un bon suc et convient à toutes sortes d'âge et de tempérament.

TRUITE DE MER. — TRUITE SAUMONÉE.

Trutta argentea (Valenciennes). — *Trutta fario* (Siebold).

Coloration. — Taches noires, dos bleuâtre, parties inférieures d'un blanc argenté, nageoire dorsale grisâtre, comme la caudale, et mouchetée de noir.

Cette espèce est un des poissons les plus délicats pour la table ; sa chair rose lui a fait donner le nom de truite saumonée. Est un des poissons les plus rares de l'Anjou. Les pêcheurs prétendent que la truite saumonée qui remonte la mer, vient frayer au mois de septembre dans la Loire, et reste plus longtemps dans ce fleuve que le saumon. La truite saumonée se tient de l'embouchure de la Loire aux Ponts-de-Cé, on n'a pas d'exemple d'en avoir pêché plus loin. Toute l'année il se trouve des truites en très-petite quantité, il est vrai, dans l'espace que nous venons d'indiquer ; jamais toutes ne rentrent à la mer.

TRUITE COMMUNE.

Trutta fario (Siebold).

Coloration. — Dos rond, garni de taches noirâtres ou brunes, rouges sur les flancs, entourées d'un cercle clair sur un fond qui est bleuâtre ou blanc, jaune doré et même brun foncé ; deux rangées de fortes dents par le vomer.

Ce poisson, qu'on pêche à la ligne dans les cours d'eau des pays de montagnes, est malheureusement très-rare en Anjou. La truite commune a une chair blanche ou saumonée très-estimée; on la trouve aux embouchures des rivières de la Mayenne, de la Sarthe et de l'Oudon.

Jamais on ne l'a prise dans le Couasnon, et nous serions heureux que celui qui a avancé ce fait nous prouvât la vérité de son assertion, car ce serait une localité de plus où l'on pourrait pêcher ce délicieux poisson.

FAMILLE DES CLUPÉIDES.

Les clupéides sont tous des poissons de mer. Nous n'aurons à nous occuper que d'une seule espèce, de l'alose, qui remonte notre fleuve de Loire et nos rivières de la Mayenne, de la Sarthe et du Loir.

GENRE ALOSE.

ALOSA (Cuvier).

CARACTÈRES. — Bouche garnie de dents très-fines, la mâchoire inférieure est complétement dépourvue de dents; le corps est comprimé latéralement; la carène ventrale est dentelée en forme de scie.

ALOSE COMMUNE.

Alosa vulgaris (Cuvier).

COLORATION, — Dos d'un vert jaunâtre, ventre argenté, une tache noire derrière les ouïes et autres plus petites au-dessus de la ligne latérale, écailles grandes dont le bord est piqué de noir, sa longueur atteint un mètre.

L'alose commune remonte la Loire depuis le mois de février jusqu'au mois de juin. Les premières aloses qu'on voit dans nos marchés sont très-recherchées par les cuisiniers, qui les préparent au *bleu* ou à l'*oseille*, et ce sont les moins bonnes, car généralement elles sont maigres; aussi est-il un proverbe qui dit :

Jamais alose du riche ne fit la joie,
Pas plus qu'au pauvre ne le fit la lamproie.

Pour la lamproie, c'est le contraire de l'alose; les premières qu'on pêche sont toujours les meilleures et les plus chères.

L'alose qui remonte dans nos rivières ne les quitte jamais, aussi arrive-t-il quelquefois d'en pêcher en toute saison, mais en petit nombre. Le frai seul retourne à l'Océan.

D'après M. Noel, de Rouen, il est pris dans cette ville treize à quatorze mille aloses chaque année ; la Loire est le fleuve de France où il se trouve le plus d'aloses, et, d'après les statistiques, l'Anjou serait la contrée où la pêche de l'alose est la plus abondante.

Il nous est impossible de préciser l'époque où le commerce de l'alose se fit en Anjou. Le bon Bruneau de Tartifume, en signalant dans son ouvrage manuscrit intitulé : *Philandinopolis* (1626)[1], *les antiques esbatz, plaisirs et délices du pays d'Anjou*, s'écrie : « La quarantaine venue, on va se promener, les uns pour voir la verdure des blés nouveaux, des prés et des feuilles, des arbres qui commencent à pousser ; les aultres pour voir pescher l'alloze, lancer un quarrelet, un espervier, tirer un coup de ceinne ou voir faire quelqu'heureuse baillée. »

On pêche encore l'alose à l'aide d'un tramail appelé *sidereau*[2]. C'est avec ce filet que les pêcheurs barrent la Loire au moment où les aloses remontent ce fleuve. Au moyen âge, les pêcheurs de Reculée avaient la réputation d'être les personnes qui savaient *accommoder l'alloze mieux que pâtissier, cuisinier, ni aultres qui soient en Anjou et en France.*

A l'époque où les aloses sont les plus communes, les marchandes de poissons vont les vendre dans les rues et annoncent leur présence par ce cri :

A l'alose, à l'alose !

Nos anciens maîtres nous disent « que l'alose doit être choisie très-fraîche, bien nourrie, d'une chair ferme et délicate, et qui a été prise dans l'eau douce.

« Elle nourrit beaucoup, elle provoque le sommeil. On trouve dans la tête de ce poisson un os qui est estimé propre pour guérir

[1] Ce manuscrit acheté à la vente de la bibliothèque de M. Toussaint Grille, appartient aujourd'hui à la bibliothèque municipale de la ville d'Angers.

[2] On pêche aussi le saumon avec le *sidereau*.

les fièvres quartes, pour chasser la pierre des reins et de la vessie[1]. »

On prétend encore que l'estomac de l'alose, desséché, réduit en poudre, fortifie l'estomac étant pris intérieurement; « il convient dans le printemps, où il est meilleur qu'en toute autre saison, à toute sorte d'âge et de tempérament. »

L'alose de Loire, qui est incontestablement la meilleure de toutes celles qu'on pêche dans les rivières, n'avait pas cette réputation au XIIIe siècle. Dans le livre des proverbes de cette époque, on trouve ainsi classés les poissons de mer :

Aloses de Bordeaux,
Congres de la Rochelle,
Esturgeons de Blaye,
Harengs de Fécamp,
Saumons de Loire,
Sèches de Coutances.

Les aloses les plus estimées de la Loire sont celles, dit Duhamel du Monceau dans son *Traité général des pêches*, qu'on prend entre Tours et Angers.

ALOSE FEINTE.

Alosa finta (Cuvier), vulgairement Corneau.

COLORATION. — D'une forme plus allongée que l'alose commune, arcs branchiaux portant sur leur bord concave, des prolongements plus courts et en bien moins grand nombre que chez l'alose commune, taches noires le long des flancs, dents maxillaires non caduques.

L'alose fut souvent confondue avec la feinte, ce qui s'explique par la grande ressemblance qu'ont entre eux ces poissons et par le rapprochement de leur saison de pêche.

La feinte est présentée par Vincent de Beauvais comme un poisson qui se plaît dans les eaux douces que franchit le flux de la mer à une moyenne distance de l'embouchure des rivières.

La feinte, ou plutôt le *corneau*, arrive en Anjou vers la mi-avril jusqu'au mois de juillet; il remonte la Loire en troupes plus nombreuses que l'alose.

En 1832, les pêcheurs de Reculée en prirent de telles quantités qu'ils les vendaient quarante centimes la douzaine.

[1] Université d'Angers, faculté de médecine, *verbo* Alose.

Les nombreuses arêtes dont ce poisson est pourvu le rendent difficile à manger et on est loin de l'estimer comme l'alose commune.

FAMILLE DES ESOCIDES.

Esocidæ.

Le brochet est le seul poisson de cette famille qu'on rencontre dans nos eaux douces.

GENRE BROCHET.

Esox (Linné).

CARACTÈRES. — Tête large, bouche largement fendue, corps allongé couvert d'écailles, mâchoire inférieure garnie de très-grosses dents ; dorsale très-reculée au dessus de l'anale.

BROCHET COMMUN.

Esox lucius (Linné).

COLORATION. — Couleur foncée sur le dos, côtés gris tachés de jaune, ventre taché de blanc très-luisant, mais les couleurs varient avec l'âge ; gueule grande, museau oblong, obtus, large, déprimé ; mâchoires garnies de dents acérées.

Tout le monde connaît le brochet, et au milieu des nombreuses descriptions qui ont été faites du *roi des rivières*, nous ne pouvons mieux faire que de choisir celle donnée par de Lacépède [1] :

« Il est le requin des eaux douces ; il y règne en tyran dévastateur, comme le requin au milieu des mers. Insatiable dans ses appétits, il ravage avec une promptitude effrayante les viviers et les

[1] Lacépède fit de nombreux voyages en Anjou ; il était très-lié avec M. Delusse, conservateur de notre musée et descendait chez lui. Ayant appris de ce dernier la position précaire du jeune statuaire David, qui étudiait à Paris, il lui fit remettre indirectement une somme de 500 francs. David arrivé à l'apogée de sa gloire voulut témoigner sa reconnaissance envers le célèbre naturaliste en lui faisant son buste en marbre blanc. David en fit un autre pour le cabinet d'histoire naturelle d'Angers.

étangs. Féroce sans discernement, il n'épargne pas son espèce : il dévore ses propres petits. Goulu sans choix, il déchire et avale avec une sorte de fureur les restes même des cadavres putréfiés. Cet animal de sang est d'ailleurs un de ceux auxquels la nature a accordé le plus d'années : c'est pendant des siècles qu'il effraie, agite, poursuit, détruit et consomme les faibles habitants des eaux douces qu'il infeste. Et comme si, malgré son insatiable cruauté, il devait avoir reçu tous les dons, il a été doué, non-seulement d'une grande force, d'un grand volume, d'armes nombreuses, mais encore de formes déliées, de proportions agréables, de couleurs variées et riches. »

Champier, parlant du brochet, remarque que de son temps, ainsi que du temps d'Ausone, ce poisson était méprisé à Bordeaux, et la raison qu'il en donne, c'est qu'on y avait beaucoup d'excellente marée. « Le reste de la France pensoit bien autrement, ajoute Champier, et le brochet étoit regardé d'une commune voix comme un excellent poisson. »

Caulier, l'un des ambassadeurs que l'empereur Maximilien envoya en 1510 au roi Louis XII, raconte qu'à son passage à Blois, pour aller retrouver le monarque, qui était à Tours, la reine leur fit remettre de très-bon vin, avec des huîtres, de la marée et quatre grands *lux* (brochets).

« On croit que c'est Ausone qui a donné, dit Ménage, le nom de *Lucius* au brochet, qui semble dériver du grec λυκος, qui signifie *loup*, parce qu'il dévore le poisson des rivières, comme le loup marin fait ceux de la mer. »

On appelait autrefois le brochet *brochet carreau*, quand il avait plus de dix-huit pouces entre œil et bat.

Le brochet fraye dans nos rivières depuis mars jusqu'à la fin d'avril. Dans la Loire, il commence ses pontes fin de février et dépose ses œufs dans les endroits abrités, et surtout dans les lieux où les eaux sont peu profondes. Les petits brochets portent le nom d'*aiguilles*, et lorsqu'ils sont parvenus à une moyenne grosseur celui de *brochetons*.

M. Sauvadon a donné au mois d'octobre 1868, dans le *Bulletin de la Société d'acclimatation*, une note curieuse sur le brochet, surtout au point de vue de son séjour dans les étangs. En voici un court passage :

« Le brochet, le plus grand poisson de nos étangs et d'une partie de nos rivières, est aussi le poisson qui grossit le plus vite, pourvu qu'il soit bien nourri ; il a sur l'anguille, qui est également un dévastateur de nos eaux, l'avantage d'être moins coûteux, et en même temps qu'il prend un poids plus considérable, et à défaut d'autre nourriture, il fait une guerre acharnée à sa propre espèce. Ce grand appétit le rend utile dans les pièces d'eau très-étendues, où le nombre des habitants très-agglomérés est un obstacle à l'accroissement des poissons, qui se nuisent les uns aux autres et se disputent avec acharnement une nourriture trop rare pour satisfaire l'appétit de chacun d'eux. Le brochet commence par dévorer tous les petits, ce qui permet aux autres poissons de grossir, par suite de la diminution de la population. Plus il grossit, plus il s'attaque à des individus de dimension plus considérable, et il continue jusqu'à ce qu'il n'y ait plus que des animaux trop gros pour lui servir de proie. A sa suite viennent les brochetons, qui font table rase de tout le fretin dédaigné par leur père. Mais quand arrive le moment où la pâture n'est plus assez abondante pour celui-ci, le brochet, nouveau Saturne, immole sans pitié ses enfants à sa voracité. »

D'après cet auteur, il ne faut pas laisser le brochet plus de cinq à six ans dans les étangs, car s'il y fait un trop long séjour, ses ravages deviennent énormes. J'ai connu un propriétaire qui avait mis dans une pièce d'eau fort empoissonnée deux jeunes brochetons qui, dans l'espace de trois ans, dépeuplèrent entièrement l'étang. Mais comme ce propriétaire tenait beaucoup à ses brochets, il ne les pêcha pas, et pendant dix années, tous les jours à heure fixe, il leur apportait de la nourriture. Ces brochets prospérèrent admirablement. Mais il arriva un jour que leur maître mourut, et son successeur, qui trouvait trop onéreux de nourrir deux poissons, les fit prendre et vendre.

Il est une pêche très-fréquente au printemps dans les petites rivières : c'est celle des brochetons avec un collet de crin. Cette pêche, nous la trouvons usitée en Anjou dès le XVIe siècle.

« Les brochets et brochetons dorment au soleil dans les mois de février, mars, avril, mai, juin, juillet et août, dit le *Solitaire inventif*, et se tiennent ordinairement à fleur d'eau, proche du bord : il est facile d'en prendre un, avec un collet de crin de cheval.

« Ayez une petite gaule ou perche longue d'environ neuf pieds, qui soit assez forte et pourtant légère, pour la pouvoir manier d'une main. Attachez-y au petit bout un collet de crin de cheval en six ou huit doubles, ouvert en rond le long de la perche, et non de travers ; et lorsque le soleil sera bien clair et haut, promenez-vous au long des eaux, vous apercevrez les brochets et brochetons endormis qui ne remuent point, approchez tout doucement le premier que vous découvrirez, jusqu'à ce que vous puissiez lui toucher bien à l'aise de votre perche ; passez-lui légèrement le collet jusqu'au milieu du corps, et l'enleverez tout d'un coup hors de l'eau.

« Si par hasard le brochet que vous voulez prendre avait la tête ou la queue tournée de votre côté, il faut bien doucement le faire tourner de travers, en lui touchant légèrement le bout de la queue avec la gaule ; il le souffrira, pourvu qu'il n'entende point de bruit et que vous ne brochiez pas. »

Le brochet vit-il vieux ? Telle est la question que beaucoup de naturalistes se sont posée sans pouvoir la résoudre. Certes, s'il fallait en croire cette histoire, rapportée par Gesner, relative au brochet du lac de Kayserwag, qui avait atteint l'âge de deux cent soixante-sept ans, comme on en put juger d'après un anneau qui lui avait été passé dans l'opercule, et sur lequel était gravée une inscription grecque dont voici le sens :

> C'est moi qui suis le premier poisson qui fut mis dans ce lac par Frédéric II, maître de l'univers, le 5 octobre 1230,

la vie du brochet serait plus que séculaire.

Mais ce qu'il y a de certain, c'est que de nos jours on connaît des brochets qui ont plus de trente ans d'existence.

Ainsi, dans un bras de la Loire, dans le Louet, qui passe à la roche d'Érigné, et va tomber dans la Loire aux Lambardières, des mariniers remarquèrent, à l'époque où Abd-el-Kader se posait en ennemi de la France, un énorme brochet qu'ils essayèrent maintes fois de prendre, mais en vain. Ce brochet fut bientôt connu de tous les pêcheurs, et ils lui donnèrent le nom du fier émir. Toujours ils le virent dans les mêmes contrées, et aujourd'hui encore, il est vivement convoité. Plusieurs fois, il fut sur le point d'être pêché à la seine ; constamment il eut le bonheur de sauter par-dessus. Un jour, il se trouva dans le même filet qu'une magnifique carpe. Celle-ci fit de prodigieux bonds, mais ne put gagner l'eau, tandis que le brochet échappa encore au pêcheur et au cuisinier qui, sur des indices qui lui paraissaient sûrs, était venu pour s'en emparer, afin de le faire figurer dans un somptueux repas. Il fut donc obligé de se contenter de la délicieuse carpe, et on ne put pas dire d'elle, avec le poëte :

Et laissa dans un grand déchet
Feu son compère le brochet.

Le brochet, si estimé de nos jours, ne l'était que médiocrement au XVIIe siècle. Les professeurs de notre Faculté le considéraient comme ne nourrissant pas suffisamment. Ils défendaient, avec raison, de manger les œufs du brochet, parce qu'ils excitent des nausées et qu'ils purgent violemment. Son fiel était ordonné pour guérir les fièvres intermittentes.

On voit le brochet figurer dans plusieurs blasons.

Mascur nous apprend que les Mancini firent élection de deux brochets pour leurs armes, à l'exemple des Colonna et des Ursini, qui partent de leur nom pour faire allusion au nom de *Lucius*, lequel était commun dans leur maison.

FAMILLE DES MURÉNIDES.

Murædinæ.

Dans notre fleuve et dans nos rivières, les anguilles sont les seuls poissons qui représentent cette famille, que Cuvier avait rangée dans l'ordre désigné par lui sous le nom de malacoptérygiens apodes. Les poissons compris par Cuvier dans cet ordre ont une forme allongée, cylindrique, une peau épaisse, molle, n'ayant que de petites écailles couvertes d'une substance très-gluante, qui est cause qu'on ne peut les retenir avec la main ; ils manquent de nageoires ventrales ; les pectorales, qui sont petites, sont situées au-dessous des ouïes, ce qui leur donne beaucoup de ressemblance avec les serpents.

GENRE ANGUILLE.

ANGUILLE (Thunberg).

CARACTÈRES. — Bouche garnie de petites dents, ouïes très-peu fendues, opercules petits ; quoique munies de vessie natatoire, les anguilles se tiennent au fond de l'eau, où elles semblent ramper dans la vase, par l'habitude qu'elles ont de chercher des insectes, des vers et surtout de petits poissons ; elles sont très-voraces. Les anguilles peuvent vivre longtemps hors de leur élément, à cause de la petitesse des ouvertures branchiales ; lorsque les lieux où elles se trouvent viennent à se dessécher, elles s'enfoncent dans la vase et y restent le jour, puis, pendant la nuit, elles se traînent sur la terre et parcourent ainsi de grandes distances pour aller chercher de nouvelles eaux.

L'anguille ne restera jamais dans un étang, si elle trouve le moyen de s'en échapper ; j'ai mis bien des fois des anguilles dans une pièce d'eau et jamais, lorsque ce réservoir a été à sec, je n'ai pu y retrouver trace d'anguilles : elles suivaient le trop plein de l'étang, gagnaient les prés et de là une rivière voisine.

L'été, à la suite de pluies, il n'est pas rare de rencontrer dans les prairies basses quelques anguilles qui se glissent dans l'herbe pour chercher nourriture et souvent afin d'émigrer dans de nouveaux parages.

L'anguille se reproduit dans la mer tous les ans à la fin d'octobre ; les anguilles descendent nos rivières pour se diriger vers l'Océan à cette époque ; les meuniers en prennent d'énormes quantités aux portes de leurs moulins ; les anguilles se précipitent avec une telle fureur pour franchir les vannes, qu'un grand nombre tombe dans les filets qui y sont tendus, presque aux trois quarts mortes. Il est impossible à ce moment de vendre la totalité des anguilles qui sont prises, et ce qu'on ne peut vendre on le sale et on le conserve en baril. Quand les anguilles sont aussi communes dans le commerce du poisson, elles se débitent dans les rues, et les marchandes qui les colportent se font connaître par ce cri :

A l'anguille
Qui frétille[1] !

Nos pêcheurs croient que l'anguille est ovipare; suivant eux, elle fraye une première fois vers la fin de février ou au commencement de mars, et une seconde fois au mois de septembre. Cependant, un fait avancé par M. de Joannis (*Revue zoologique*, 1839, nº 27), dit M. Valenciennes dans son article sur l'anguille (*Dictionnaire universel d'histoire naturelle*), pourrait faire croire à la viviparité, ou mieux, à l'ovo-viparité de l'anguille. Un paysan lui a dit qu'ayant mis une anguille entre deux plats, et l'ayant ensuite découverte à son retour à la maison, après le travail aux champs, il la trouva entourée de plus de deux cents petites anguilles longues d'un pouce et demi à deux pouces, grosses comme des fils et presque blanches.

M. de Joannis n'a d'ailleurs pas cru à cette ponte; il ne la rapporte que sur l'assertion d'un homme qui n'était pas en état de bien observer. La longueur, la couleur et la grosseur indiquées pour les petits nouveaux-nés me portent à croire, ajoute M. Valenciennes, que l'anguille en question s'était débarrassée d'une grande quantité d'ascarides ou de filaires, sortes d'intestinaux dont ces poissons nourrissent quelquefois des masses surprenantes.

Nous admettons complétement l'opinion du regretté professeur au muséum d'histoire naturelle de Paris. Si M. de Joannis avait vu le fait dont il parle, nous l'eussions cru sans conteste, car ce natu-

[1] Frétiller, vieux mot qui n'est plus en usage et qui signifie, dit Ménage, remuer sans cesse, agiter tout son corps par un mouvement dru et menu, *agitare motu vario, irrequieto lascivire.*

Tout frétille,
L'homme frétille,
La carpe frétille,
L'anguille frétille
Et le chien frétille.

(Vieux proverbe angevin.)

raliste était incapable de vouloir en imposer et il a toujours été très-consciencieux dans ses travaux, chose rare de nos jours, mais vraiment ce fait nous paraît tellement extraordinaire, que nous ne pouvons y ajouter foi, à moins de preuves certaines.

Aux mois de mai et juin, les jeunes anguilles qu'on nomme *civelles* c'est-à-dire le frai, remontent de l'Océan à la Loire; des mariniers m'ont assuré avoir suivi des bancs de *civelles* des Ponts-de-Cé à Orléans; les pêcheurs appellent ces bancs le cordon : tantôt il représente une hauteur de cinquante centimètres, tantôt trente. Lorsqu'il paraît près des villages situés sur le bord de la Loire, hommes, femmes et enfants se précipitent vers le fleuve en criant : Le cordon ! le cordon ! Alors chacun, armé d'un panier, d'un filet, quelques-uns de seilles, prennent à discrétion de ces petites anguilles, dont la plupart sont de la grosseur d'un tuyau de plume, mais on rattrape en quantité ce qu'on perd en qualité. Ces pêches abondantes diminuent beaucoup le nombre des anguilles qui doivent peupler nos cours d'eau ; mais, malgré cela, l'anguille est encore un des poissons les plus abondants de nos rivières.

Le nom de cordon me semble rendre parfaitement l'effet que produit cette masse de *civelles* qui semblent liées les unes avec les autres tant elles sont compactes. « Les *civelles* s'appellent dans le Midi, en patois, *bouyeiroûns,* dit M. Crespon dans la Faune méridionale. Les jeunes anguilles se réunissent à l'embouchure du Rhône, ou plutôt elles sortent de la mer en se tenant attachées les unes les autres en si grandes quantités que j'en ai vu formant une masse sphérique de la grosseur d'un fort tonneau ; cette masse monte et redescend dans l'eau continuellement, et, au fur et à mesure, les individus se détachent en formant une corde, de sorte qu'ils ressemblent à un peloton de laine qu'on déploierait par un seul bout. Ces milliers de petites anguilles se dirigent aussitôt de chaque côté du fleuve et le remontent pour pouvoir quitter ses bords, afin de s'introduire dans toutes les issues qu'elles rencontrent ; c'est de cette manière qu'elles s'en vont peupler toutes les eaux douces. Cette espèce de procession dure plus de quinze jours sans interruption. »

Au XIIIe siècle, les anguilles du Maine étaient les plus recherchées;

aujourd'hui ce sont celles de Loire. De tous les poissons, au commencement de la monarchie, nulle pêche n'était plus fréquente que celle de l'anguille, aussi les peines infligées aux pêcheurs pour contraventions apportées aux règlements étaient-elles plus sévères lorsqu'ils s'en étaient rendus coupables en pêchant des anguilles; on punissait aussi plus sévèrement les voleurs de filets d'anguilles. La loi salique condamnait à une amende de quarante-cinq sols celui qui volait un filet pour anguille, et à quinze sols seulement lorsqu'il s'agissait d'un tramail.

« L'anguille, disait le professeur Delaunay[1], est d'un manger agréable; sa chair est tendre, molle et nourrissante, parce qu'elle renferme beaucoup de parties huileuses et balsamiques; elle en contient aussi beaucoup de lentes et de visqueuses et grossières, qui rendent cette même chair difficile à digérer et propre à produire plusieurs mauvais effets que nous avons remarqués. Cependant l'anguille qui a été salée pour la garder, ne produit pas tous ces mauvais effets, parce qu'une partie de son phlegme visqueux et grossier a été atténuée et divisée par le sel. »

L'anguille est très-vorace; elle mange des vers, des mollusques et beaucoup de petits poissons. Deux ou trois anguilles dans un étang d'un demi hectare, sont capables de détruire entièrement le frai quelque nombreux qu'il soit.

L'anguille a donné naissance à plusieurs proverbes :

> Homme peu heureux
> Qui écorche anguille par la queue

se dit d'une personne qui entreprend une affaire par où il faut la finir.

On sait que les cuisiniers commencent toujours par la tête pour écorcher l'anguille.

> Quel casse-cou,
> Il rompt l'anguille au genou.

Ce proverbe est appliqué aux gens qui se lancent dans une affaire

[1] Archives de l'Université d'Angers, faculté de médecine.

à laquelle ils ne sont nullement aptes. La structure de l'anguille ne permet pas qu'on la rompe avec le genou.

L'homme habile
Il s'échappe comme l'anguille.

Allusion faite à celui qui s'engage par une promesse et qui échappe au moment de l'exécuter.

L'anguille est fort difficile à saisir et lorsqu'on croit la tenir elle glisse des mains et s'enfuit dans l'eau.

La vérité cloche,
Il y a anguille sous roche ;

c'est-à-dire il y a quelque mystère et on vous cache la vérité.

Généralement, dans les excavations de rochers, on trouve toujours des anguilles.

Comme l'anguille de Melun,
Il crie sans écorcher aucun [1].

Ce proverbe vient de ce qu'un nommé Anguille [2], bourgeois de Melun, qui représentait à une comédie le personnage de saint Barthélemy, voyant l'exécuteur le couteau à la main, qui faisait semblant de l'écorcher, se mit à faire un grand cri avant qu'il ne le touchât.

I.

ANGUILLE COMMUNE.

Anguilla vulgaris (Yarrell.)

Coloration. — D'un beau vert en dessus, d'un blanc d'argent en dessous, avec des reflets pourprés sur les flancs ; les pectorales brunes. Dorsale et caudale sensiblement prolongées autour du bout de la queue.

II.

ANGUILLE A LARGE BEC.

Anguilla latirostris (Yarrell.)

Coloration. — Tête très-large jusqu'à l'extrémité du museau. Verdâtre en dessus, d'un beau blanc argenté en dessous ; une ligne

[1] C'est-à-dire avant d'être écorché.
[2] *Dictionnaire de Trévoux.*

formée de petits points bleuâtres, les pectorales noirâtres ; douze petits points bleuâtres autour de la mâchoire inférieure. Cette espèce est celle qui devient la plus grosse ; on en a pris, nous a-t-on assuré, pesant jusqu'à sept kilogrammes !

Nos pêcheurs appellent cette anguille le *soufflard,* parce que, prétendent-ils, elle souffle beaucoup en nageant. Cette anguille est bien une espèce et non le *vieux mâle* de l'anguille commune, comme on l'a écrit en 1828, c'est le pimpernaux de Cuvier.

III.

ANGUILLE A BEC MOYEN.

Anguilla mediorostris (Risso.)

Coloration. — Cette anguille, aux teintes généralement plus foncées que celle que nous venons de décrire, se distingue par son bec plus pointu et ses yeux plus petits ; les pêcheurs l'appelent *verniaux vernis* à cause de la peau qui est extrêmement luisante.

IV.

ANGUILLE A BEC OBLONG.

Anguilla oblongirostris (Yarrell.)

Coloration. — Roussâtre en dessus, blanche en dessous, avec des petits points bruns à la base de la mâchoire inférieure ; cette anguille est en très-grand nombre dans le Layon.

Nous arrêtons ici nos descriptions sur les anguilles de l'Anjou. Nous sommes loin, croyons-nous, d'avoir signalé *toutes* les espèces ou du moins toutes les variétés ; ainsi nous avons remarqué dans le Layon une anguille noire comme du jais sur le dos et blanche sous le ventre. Nous n'avons jusqu'à ce moment vu qu'un seul individu de cette couleur, nous attendrons donc avant de nous prononcer.

La seine, l'ancreau, etc., en un mot toutes sortes de filets, sont propres pour prendre l'anguille.

Nous trouvons, au XVIe siècle, deux moyens de pêcher l'anguille, encore fort usités aujourd'hui. L'un est appelé la *vermée.* Voici comment ce fait cette pêche. On assujetit à une perche une pelotte formée d'achées (Lombrics) ; on plonge l'extrémité de cette perche où est la pelotte dans l'eau, le long des chantiers, et dès que le pêcheur sent une secousse il relève rapidement sa perche hors de l'eau et fait sauter à terre ou dans un bateau l'anguille qui a mordu à la *vermée* et qui n'a pas eu le temps de la lâcher. *Vermée* est un vieux mot qui signifie vers :

Quand tu seras en terre
Vermée te mangera de travers,

ancien proverbe appliqué aux mauvais sujets.

Le *Solitaire inventif* indique une autre manière de pêcher l'anguille, c'est celle appelée fouine : « J'ai pêché quantité d'anguilles, dit-il, avec un instrument qu'on nomme *fouine* ; cet instrument est fait d'un morceau de fer plus épais comme deux Louis d'un escu, ayant une douille comme celle d'une pelle à bêcher la terre, pour y mettre une perche fort légère, longue de quinze pieds, laquelle y doit être arrêtée avec un clou ou deux ; ce fer plat est fait en façon d'une fourche à trois dents, ayant trois branches longues de deux pouces dont les deux côtés se détournent en dehors vers leur pointe; celle du milieu est pointue, en forme de langue de serpent, mais en arrondissant. Toutes trois ont des dents par dedans, et doivent être tenues si fermes en état par deux petites bandes de fer qui sont chevillées et rivées ensemble, que les branches ne puissent se rouvrir n'y fermer plus qu'elles sont, ni une anguille plus petite qu'elle soit, passer qu'avec peine entre les branches ; faut pourtant que cet espace soit plus large vers le bout de l'instrument. Je ne dirai rien davantage de sa composition.

« Pour se servir de la fouine, il faut aller au long des fossés et autres lieux ou vous croyez qu'il y a des anguilles. Fichant cet instrument dans la vase de côtés et d'autres comme si vous fouliez le fond pour en faire sortir le poisson. S'il y a des anguilles elles se trouveront prises entre les branches de la fouine ; on en tire quelquefois deux ou trois ensemble d'un même coup, selon qu'il y en a quantité. Plusieurs artisans et paysans savent bien s'en servir dans les pays ou il y a nombre d'anguilles. »

ORDRE DES GANOÏDES.

Les représentants de cet ordre, qui se montrent dans notre fleuve de Loire, ont le squelette cartilagineux. Nous n'avons à nous occuper que d'une seule famille de l'ordre des ganoïdes.

FAMILLE DES ACIPENSÉRIDES.

Acipenseridæ.

Caractères. — Le corps allongé garni de plaques osseuses ainsi que la tête ; bouche sans dents, située au dessous du museau qui est avancé et muni de longs barbillons, tels sont les principaux caractères de cette famille qui ne comprend que le genre esturgeon.

GENRE ESTURGEON.

Acipenser (Linné).

Caractères. — Bouche petite, placée au dessous du museau ; corps allongé, garni de cinq rangées de plaques osseuses et épineuses implantées sur la peau en ligne longitudinales. Tête cuirassée extérieurement. Les poissons de ce genre deviennent très-grands, mais leur taille ne les rend pas redoutables aux autres poissons à cause de leur petite bouche qui manque de dents.

ESTURGEON COMMUN.

Acipenser sturio (Linné).

Coloration. — D'un brun jaunâtre, le museau pointu ; il mesure de deux mètres à deux mètres trente-cinq.

Autrefois les esturgeons remontaient assez souvent le fleuve de Loire, si l'on en juge par la coutume bizarre à laquelle étaient astreints les pêcheurs qui dépendaient de la baronnie de Briollay [1].

Quand des pêcheurs prenaient un esturgeon, ils étaient obligés de le porter à la seigneurie dont dépendait la pêcherie et de frapper trois fois à la porte avec la queue [2]. Mais comme c'était très-embar-

[1] Les pêcheries de la baronnie de Briollay étaient nombreuses ; elles s'étendaient sur la plupart des rivières importantes de l'Anjou.

[2] Baronnie de Briollay, *Usages féodaux*, Mss., liasse 14.

rassant de faire manœuvrer un poisson de la taille et de la force de l'esturgeon adulte, on leur avait permis de frapper trois coups, à intervalle déterminé, avec le marteau de la porte. Tout pêcheur qui ne se conformait pas à cet usage, était à l'amende de soixante sols, et avait son poisson confisqué. Cet usage ne s'appliquait pas seulement en Anjou et à l'esturgeon; il était répandu dans plusieurs contrées de France; ainsi à Dieppe, lorsque les matelots pêchaient un marsouin, ils étaient tenus, en observant les mêmes formalités que nous venons de décrire, de le porter à la vicomté de Rouen.

L'esturgeon, au moyen âge, était un poisson bien renommé pour l'excellence de sa chair.

Lorsque saint Louis vint en Anjou, on vit, dans les brillantes fêtes qui eurent lieu à Saumur en 1241, figurer à la table royale, des esturgeons qui *nageaient dans des bassins d'or*[1].

En 1422, le célèbre cuisinier Taillevent fit paraître dans un somptueux repas offert à Angers par la duchesse Yolande, un esturgeon cuit au persil et au vinaigre et couvert de gingembre en poudre[2].

Aujourd'hui, si on voulait se procurer un esturgeon, il ne faudrait pas aller le chercher en Loire, car il n'y est pas commun. On cite les années où les pêcheurs de la Loire ont pris des esturgeons.

Au commencement de ce siècle un esturgeon fut pêché aux Ponts-de-Cé; il pesait 40 kilos. En 1811, les pêcheurs de l'île de Behuard en prirent un à la pointe de leur île, à la seine; il avait deux mètres de long et un poids de 70 kilos. Cette capture fut considérée comme tellement extraordinaire par les pêcheurs, qu'ils la firent peindre; et placèrent son portrait dans la ravissante chapelle de Louis XI[3], où on le vit longtemps. Depuis, chaque fois qu'un esturgeon fut pêché dans la Loire, et presque toujours ce fut au village de la *Pointe*, il était amené à Angers vivant, pour le faire voir comme une curio-

[1] *Bulletin historique et monumental de l'Anjou*, tome IV, page 247.

[2] *Bulletin historique et monumental de l'Anjou*, page 267.

[3] Nous voulons parler de l'église de Béhuard, construite d'après les plans du roi Louis XI sur le seul rocher qui existe dans cette île fertile. Cette église a échappé au vandalisme révolutionnaire, et est un des monuments les plus curieux de l'Anjou.

sité, enfermé dans un vaste filet, plongé dans l'eau. On le retirait à chaque séance afin de montrer le fameux *monstre marin* (c'est ainsi qu'on l'appelait) aux curieux qui venaient étudier cette *bête phénoménale*. On n'a pas pris d'esturgeon depuis 1860.

Il est arrivé que des esturgeons ont remonté la Loire jusqu'à Saumur.

POISSONS CARTILAGINEUX.

ORDRE DES CYCLOSTOMES.

Cet ordre est composé de poissons dont la bouche circulaire ou demi-circulaire est dépourvue de mâchoires, remplacées par un suçoir avec lèvres charnues.

FAMILLE DES PETROMYZONIDES.

Petromyzonidæ.

Les poissons qui appartiennent à cette famille ont les nageoires dorsale et anale soutenues par des rayons cartilagineux ; les branchies sont au nombre de sept de chaque côté ; ces poissons manquent de vessie natatoire.

GENRE LAMPROIE.

Petromyzon (Linné).

Caractères. — De chaque côté sept trous branchiaux ; la mâchoire forme un anneau entier qui est armé de fortes dents, ce qui permet aux poissons de ce genre de faire un vide et de se fixer solidement aux corps les plus polis.

Les lamproies d'Anjou et de Nantes [1] étaient en très-grande réputation. Champier rapporte qu'on en envoyait en poste de Nantes à Paris, dans des tonneaux, et qu'elles y arrivaient vivantes.

[1] Legrand d'Aussy, dans son livre : *Vie privée des Français*, publie une pièce manuscrite du XIIIe siècle intitulée *Proverbes*, laquelle contient un catalogue

Dans l'état des officiers des ducs de Bourgogne, on sait que le duc Philippe le Hardi, qui avait un Dominicain pour confesseur, régalait tous les ans ce moine, le jour de saint Thomas d'Aquin, avec une lamproie; s'il n'était pas possible d'en trouver une, on donnait au confesseur quarante-cinq sous en argent [1].

Les rois d'Angleterre consommaient beaucoup de lamproies pour leur table, les baillis de Rewenham étaient chargés de les fournir; on apportait aussi à Londres des lamproies salées. La mort funeste d'Henry Ier, qui mourut à Lion-la-Forêt, en Normandie, pour en avoir mangé à l'excès, fut une leçon pour ses successeurs jusqu'au règne d'Elisabeth, époque où l'ancienne célébrité de la lamproie sembla s'éclipser. Il existe dans les archives de la Tour de Londres, des warrants accordés en 1418 et 1422, à des marchands de lamproies, chargés d'approvisionner la table du roi et de fournir aux besoins de l'armée. Il paraît d'après ces actes, qu'il y avait dans la Loire et dans la Seine, une pêche abondante de ce poisson. A Honfleur, on salait les lamproies pour en faciliter le transport, ainsi que cela se pratiquait en Anjou et en Bretagne dès 1200 [2].

Henry V étant à Falaise, où il méditait la conquête de la France déchirée par les factions de Bourgogne et d'Orléans, chargea Guillaume de Nantes de lui apporter des lamproies de Loire qu'il aimait beaucoup, mais dans la période suivante, sous Elisabeth et même dès Henry VIII, le goût de la nation anglaise était entièrement changé.

des meilleures choses que produisaient alors les différents cantons du royaume. Voici les poissons les plus estimés dont fait mention cette liste et les lieux où ces mêmes poissons étaient les plus recherchés :

Anguilles du Maine;
Barbeaux de Saint-Florentin;
Brochets de Chalons;
Lamproies de Nantes;
Loches de Bar-sur-Seine;
Pimpernaux d'Eure;
Saumons de Loire;
Truites d'Andelys;
Vandoises d'Aise.

[1] Legrand d'Aussy, *Vie privée des Français*, tome II.
[2] *Willelm Brit Phelipp lib.* 8.

Il y avait des marchands de poissons qui n'apportaient à Paris que des lamproies, car dans une ordonnance du roi Jean, publiée en 1350, et renouvelée par Charles VII, il est défendu aux détaillants d'aller sur les chemins, au-devant d'eux, pour acheter leur marchandise.

Au commencement du XVIIe siècle, les lamproies se servaient encore sur les meilleures tables :

.... Pleins d'une saincte joye,
De dits joyeux et de bons mots
Nous assaisonnons la lamproye,
Et l'arrosons du jus des pots [1].

On appelle lamproie cordée, celle qui est devenue dure et qui a passé la saison. La lamproie, en hiver, dit le *Dictionnaire* de Trevoux, se mange par la noblesse, parce que c'est un poisson friand ; et au printemps par le paysan, car alors elle est cordée.

Ausone appelle la lamproie *Mustella*, et Ménage dit que le mot lamproie vient de *lampetra*.

Voici le jugement porté sur la lamproie par les régents de notre Faculté de médecine : « La lamproie nourrit beaucoup ; sa graisse est émolliente, résolutive et adoucissante ; on en frotte le visage et les mains de ceux qui ont la petite vérole, pour empêcher qu'il n'y reste des marques. »

Au XVIIe siècle, la lamproie se mangeait de trois manières : bouillie, rôtie et frite. Aujourd'hui la lamproie s'accommode de plusieurs autres façons ; la plus estimée des cuisiniers est celle usitée aussi pour l'anguille, la *tartare*.

I.

LAMPROIE MARINE.

Petromyzon marinus (Linné), vulgairement *grande lamproie*.

COLORATION. — Tête d'un gris brun ; dos et côtés d'un vert jaunâtre, marbré de bleuâtre, ventre blanc, dorsales brune et jaune, caudale bleuâtre, plusieurs rangées de dents jaunes disposées circulairement au-

[1] Poésies de Chaulieu.

tour de la bouche qui ressemble à celle d'une sangsue; elle atteint de soixante-six centimètres à un mètre de long.

La lamproie marine remonte la Loire vers la mi-février.

M. Pierre Millet, dans son catalogue des poissons de Maine-et-Loire, prétend que les *lamproies remontent au printemps la Loire avec les troupes d'aloses, en se collant à leur ventre pour leur sucer le sang*. Ceci est une fable, à laquelle vraiment on ne peut ajouter foi; il est assez difficile qu'un poisson de la taille de l'alose puisse traîner avec elle un poisson de la force de la lamproie, surtout quand ce dernier lui suce le sang. Ce qui aura fait croire à M. Pierre Millet ce qu'il avance, c'est que très-souvent les pêcheurs prennent dans le même filet des aloses et des lamproies.

II.

LAMPROIE FLUVIATILE.

Petromyzon fluviatilis (L.)

Coloration. — Argentée, noirâtre ou olivâtre en dessus; la première dorsale bien distincte de la seconde, deux dents écartées en haut de l'anneau maxillaire. Longueur de trente-trois à cinquante centimètres.

Cette lamproie quitte la Loire très-tard, c'est-à-dire à la fin de l'automne.

III.

LAMPROIE DE PLANER.

Petromyzon Planeri (Bloch.), vulgairement *petite lamproie*, le *sucet*, le *lamprillon*, la *chatouille*.

Coloration. — Elle diffère peu des couleurs de la précédente, dont elle a aussi la dentition; les deux dorsales contigües ou réunies; les individus jeunes sont d'une couleur roussâtre; elle n'atteint que vingt-trois à vingt-huit centimètres de long.

D'après les observations d'un savant professeur de Berlin, M. Auguste Muller, publiées en 1856, les lamproies ne naissent pas avec tous leurs caractères adultes. Ainsi la lamproie de Planer, à l'état de larve, serait l'ammocete branchiale (*ammocœtes branchialis*), qu'on trouve dans nos petites rivières, telles que l'Aubance, la Dive, la Moine, etc. La lamproie de Planer est au moins trois années à l'état d'ammocete ; lorsqu'elle est à cette période de la vie, elle se cache sous les pierres, fuit la grande lumière, ne vit que de corpuscules que lui apporte le courant, tandis que la lamproie adulte cherche sa pâture, s'attache aux charognes qu'elle rencontre, et comme la sangsue d'Horace [1], ne les abandonne que lorsqu'elle s'en est complétement rassasiée :

Non missura cutem nisi plena cruoris hirudo.

Nous croyons n'avoir oublié aucun des poissons qui peuplent nos rivières ; même nous en avons signalé plusieurs qui n'avaient point encore été décrits dans une faune angevine.

Notre tâche n'est pas finie, il reste encore beaucoup à étudier ; l'ichthyologie est une des branches de l'histoire naturelle dont on s'est très-peu occupé jusqu'à ce moment en Anjou. Aussi, si ce premier essai, auquel nous venons de nous livrer, produit quelques résultats scientifiques, nous continuerons de nouveau nos recherches et nous donnerons suite à ce labeur.

Angers, le 18 mars 1869.

[1] *Art poétique.*

(Extrait des Annales de la Société Linnéenne de Maine-et-Loire, tome XI).

TABLE ALPHABÉTIQUE

DES MATIÈRES CONTENUES DANS CETTE ÉTUDE.

ANGERS, IMPRIMERIE P. LACHÈSE, BELLEUVRE ET DOLBEAU.

www.ingramcontent.com/pod-product-compliance
Ingram Content Group UK Ltd.
Pitfield, Milton Keynes, MK11 3LW, UK
UKHW021551260726
13993UKWH00002B/773

9 782329 218205